艺术与设计系列

# HUMAN
# ENGINEERING

# 人体工程学

姚丹丽　主编
倪　妍　刘小峰　参编

中国电力出版社
CHINA ELECTRIC POWER PRESS

## 内 容 提 要

本书共分七章、主要讲述了人体工程学的基本概念、要点、原则及在各种空间设计中的应用等内容，通过分析介绍人体工程学在各种空间设计中的运用，着重探讨人体工程学在各种空间设计中的作用，为人们创造经济、安全、舒适、卫生的环境。书中展示了大量图片，讲解了人体工程学的基础知识，介绍了优秀的设计案例，供读者学习使用。

本书可作为高等院校艺术设计专业相关课程教材，也可供从事环境设计、装饰装修设计人员参考使用。

图书在版编目（CIP）数据

人体工程学 / 姚丹丽主编. —北京：中国电力出版社，2020.8
（艺术与设计系列）
ISBN 978-7-5198-4675-6

I. ①人… Ⅱ. ①姚… Ⅲ. ①工效学 Ⅳ. ①TB18

中国版本图书馆CIP数据核字（2020）第084137号

出版发行：中国电力出版社
地　　址：北京市东城区北京站西街19号（邮政编码100005）
网　　址：http://www.cepp.sgcc.com.cn
责任编辑：王　倩　乐　苑（010-63412380）
责任校对：黄　蓓　朱丽芳
装帧设计：唯佳文化
责任印制：杨晓东

印　　刷：北京瑞禾彩色印刷有限公司
版　　次：2020年8月第一版
印　　次：2020年8月北京第一次印刷
开　　本：889毫米×1194毫米　16开本
印　　张：7.75
字　　数：187千字
定　　价：58.00元

# 前　言
## PREFACE

　　人体工程学，是用人体测量学、人体力学、劳动生理学、劳动心理学等学科的研究方法，对人体结构特征和机能特征进行研究，提供人体各部分的尺寸、重量、体表面积、重心以及人体各部分的出力范围、动作时的习惯等人体机能特征参数。分析人的视觉、听觉、触觉和肤觉等感觉器官的机能特性，分析人在劳动时的生理变化、能量消耗、疲劳机理以及人对各种劳动负荷的适应能力，探讨人在工作中影响心理状态的因素以及心理因素对工作效率的影响等。

　　人体工程学课程是环境艺术专业一门重要的基础课程，环境艺术设计与人类生活息息相关，它是通过艺术设计的方法对室内外环境进行规划、设计，本身具有艺术与科学的双重属性，兼具文理知识，是一门典型的综合性、边缘性的学科。人体工程学和环境艺术设计在思想和内容上有很多共同点，研究的对象都是人与环境，二者相互依存，相互联系。人的一切活动都是为了满足人的生活和工作的需要，因此，人体工程学在环境艺术设计专业的学习中占有很重要的地位。

　　随着现代社会的迅速发展，人们的思维方式发生了巨大的变化，对物质的需求也越来越高，而对于产品的使用，不仅要求要好用、方便，而且在使用的过程中要求感官上的舒适和醒目，这就需要设计师在创新的理念上必须从人体工程学的原理出发。人体工程学重视"以人为本"，讲求一切为人服务，强调人类的衣、食、住、行，从人的自身出发。人体尺度是人体工程学研究的最基本的数据之一，因此，必须准确地测量才能确定产品的形体。

　　全国有3000多所院校开设了环境艺术设计、展示设计专业，不同院校的专业名称不同，如环境设计、环境艺术设计、室内设计、建筑装饰设计等，但均开设《人体工程学》《人机工程学》等相关课程，教学内容基本相同。现有的人体工程学书籍，大部分都是以工业设计专业的人体工程学为基础，真正适合环境艺术专业的书籍很少，而且各类书籍的侧重点不同，差异性较大，缺乏对环境艺术设计专业的学生的指导意义，对不断变化的教学风格也不够适应。

　　本书针对这些问题，全面介绍人体工程学的概念及应用。在内容选择上，结合国内教育情况及专业特点，考虑学生的接受能力；在编写上，循序渐进，从最基本的知识点着手，讲述人体工程学在各种空间设计中的应用，包括住宅设计、商业设计、办公设计、展示设计、景观设计，与人体工程学相融合。它不仅可以作为普通高等院校的教材，也可以作为室内外设计、施工人员参考的工具书。

　　本书在编写过程中得到以下朋友和同事的帮助，在此感谢他们为本书提供的资料。彭曙生、王文浩、王煜、肖冰、袁徐海、张礼宏、张秦毓、钟羽晴、朱梦雪、祝丹、邹静、柯玲玲、张欣、李文琪、李艳秋、金露、桑永亮、吕菲、蒋林、付洁、邓贵艳、陈伟冬、曾令杰、鲍莹、安诗诗、汤留泉、张泽安。

　　本书配有课件文件，可通过邮箱designviz@163.com获取。

编者

2019年6月

# 目 录
CONTENTS

# 第一章
# 初识人体工程学

**学习难度**：★★★★★

**重点概念**：概念、发展、应用、意义

**章节导读**：在我们生活的周围，无处不存在与人体工程学相关的东西，如楼梯、家具、电脑、键盘、笔、垃圾箱等。大部分物品或多或少地体现着人体工程学的应用。正因为有了这些符合人体工程学的设计，我们的生活才如此的方便与舒适。人体工程学中关于人体结构的诸多数据对设计起到了很大的作用，了解了这些数据之后，我们做室内设计时就可以充分地考虑这些因素，做出合适的选择，同时考虑在不同空间与围护的状态下人们动作和活动的安全，以及对大多数人的适宜尺寸，并强调静态和动态时的特殊尺寸要求。

# 第一节 人体工程学概述

**图1-1** 室内空间色彩搭配

人体工程学是一门关于技术与人的身体协调的学科，即如何通过技术让人类在室内空间活动感到舒适。

**图1-2** 房间内色彩搭配

通过色彩、空间设计、饰品装饰等的设计，使人类得到身体和心理上的满足。

**图1-3** 休闲草坪

人体工程学在环境舒适上做出了很大贡献，绿草茵茵的草坪正是人们向往的生活环境。

**图1-4** 公园中的椅子供人们休息

在公园的一角设置休息长椅，弧形座椅能容纳更多人就座，与后面的绿篱造型一致，有效地利用了空间。

| 图1-1 | 图1-2 |
|-------|-------|
| 图1-3 | 图1-4 |

## 一、什么是人体工程学

人体工程学是研究人在某种工作环境中的解剖学、生理学和心理学等方面的各种因素；研究人和机器及环境的相互作用，研究人在工作中、家庭生活中和休假时怎样统一考虑工作效率、人的健康、安全和舒适等问题的一门学科。

人体工程学最早由波兰学者雅斯特莱鲍夫斯基提出，在欧洲名为Ergonomics，是由两个希腊词根"ergo"和"nomics"组成的。"ergo"的意思是"出力""工作"，"nomics"表示"规律""法则"，因此，Ergonomics的含义也就是"人出力的规律"或"人工作的规律"。

## 二、人体尺度

人体尺度，即人体在室内空间内完成各种动作时的活动范围。设计人员要根据人体尺度来确定门的高宽度、踏步的高宽度、窗台阳台的高度、家具的尺寸及间距、楼梯平台、室内净高等室内空间的尺寸（图1-5）。

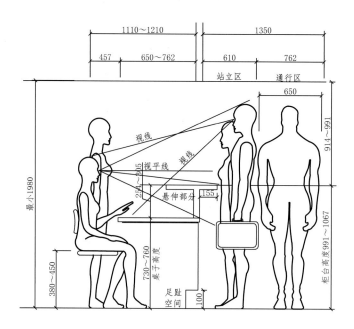

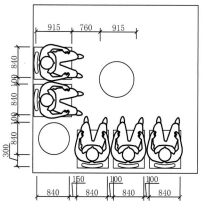
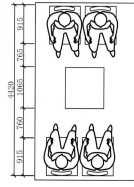
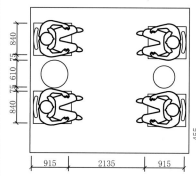
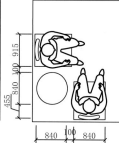

**图1-5** 接待空间设计

人处于接待空间等候区中，应当设计好平面尺度；在接待空间的设计中，面积的大小与接待人数成正比，并不是空间越大越好。

## 三、常用术语

人体工程学是研究"人—机—环境"系统中人、机、环境三大要素之间的关系，为解决该系统中人的效能、健康问题提供理论与方法的学科。

### 1. 构造尺寸

构造尺寸是指静态的人体尺寸，是在人体处于固定的标准状态下测量的（表1-1）。

表1-1 人体尺寸

| 名称 | 内容 |
|---|---|
| 挺直坐高 | 指人挺直坐着时，座椅表面到头顶的垂直距离 |
| 肘部高度 | 指从地面到人的前臂与上臂接合处可弯曲部分的距离 |
| 身高 | 指人身体直立、眼睛向前平视时从地面到头顶的垂直距离 |
| 正常坐高 | 指人放松坐着时，从座椅表面到头顶的垂直距离 |
| 眼高（站立） | 指人身体直立、眼睛向前平视时从地面到内眼角的垂直距离 |
| 眼高（坐姿） | 指人的内眼角到座椅表面的垂直距离 |
| 肩高 | 指从座椅表面到脖子与肩峰之间的肩中部位置的垂直距离 |
| 肩宽 | 指两个三角肌外侧的最大水平距离 |
| 两肘宽 | 指两肋屈曲、自然靠近身体、前臂平伸时两肘外侧面之间的水平距离 |
| 肘高 | 指从座椅表面到肘部尖端的垂直距离 |
| 大腿厚度 | 指从座椅表面到大腿与腹部交接处的大腿端部之间的垂直距离 |

| 名称 | 内容 |
|---|---|
| 膝盖高度 | 指从地面到膝盖骨中点的垂直距离 |
| 膝腘高度 | 指人挺直身体坐着时，从地面到膝盖背后（腿弯）的垂直距离。测量时膝盖与髁骨垂直方向对正，赤裸的大腿底面与膝盖背面（腿弯）接触座椅表面 |
| 垂直手握高度 | 指人站立、手握横杆，然后使横杆上升到人感到不舒服或拉得过紧的限度为止，此时从地面到横杆顶垂直距离 |
| 侧向手握距离 | 指人直立、右手侧向平伸握住横杆，一直伸展到没有感到不舒服或拉得过紧的位置，这时从人体中线到横杆外侧面的水平距离 |
| 向前手握距离 | 指人肩膀靠墙直立，手臂向前平伸，食指与拇指尖接触，这时从墙到拇指梢的水平距离 |

#### 2. 功能尺寸

功能尺寸是指动态的人体尺寸，是人在进行某种功能活动时肢体所能达到的空间范围，是在动态的人体状态下测得的，是由关节的活动、转动所产生的角度与肢体的长度协调产生的范围尺寸，对于解决许多带有空间范围、位置的问题很有用。

## 第二节　人体工程学发展

人体工程学起源于欧洲，形成和发展于美国。工业革命后，人们逐渐对生活及工作条件的安全、舒适、健康有了普遍的追求。人体工程学可以看作一种科学劳动，目的是通过合理的安排来减少人力物力，达到人们满意的效果。

### 一、发展阶段

#### 1. 概念初现雏形

（1）人机思想的萌芽。古代人类就开始对实用性和提高生活、改善工作条件的关注，如明代著名戏曲家李渔设计了一种暖椅。

（2）以人为中心的设计理念萌芽。

（3）基于对"人"的因素有良好知识的设计迹象。古希腊人有很好的人类学知识，他们以人体各部分的相对比例关系作为设计的基本比例，如庙宇圆柱的高度是其柱脚直径的8倍，而8∶1正是女性身高和脚长之间的比。又如古希腊帕提亚神庙的柱子。

**图1-6** 暖椅

暖椅是一种可坐可躺的家具，将炭火盆置入暖椅内部，悄然烘暖椅的表面，人一旦卧、坐其上，会感觉到暖和。

**图1-7** 古希腊帕提亚神庙

由于了解人的视错觉特性，古希腊建筑设计师在设计建筑物时充分利用视错觉，给观者特别的感觉。

图1-6　图1-7

## 2. 四个发展时期

人体工程学从诞生至今，大致可分为以下四个发展时期。

（1）萌芽期，19世纪末至第一次世界大战。泰勒的手工工具设计特点和作业效率的关系研究，开创了"时间研究"，吉尔布瑞斯倡导的实验心理学应用于生产时间。起源是在工业社会中，开始大量生产和使用机械设施的情况下（图1-8），探求人和机械之间的协调关系，作为独立学科已有40年的历史。

（2）初兴期，第一次世界大战至第二次世界大战期间。战争使得男人都上了战场，女人必须参加生产劳动才能应付战争的庞大需求，因此，工作疲劳和工作效率以及如何加强人在战争的有效作用成为研究热点。

（3）成熟期，第二次世界大战至20世纪60年代。科学技术的迅猛发展，导致了复杂的武器、机器的产生，第二次世界大战中的军事科学技术开始运用人体工程学的原理和方法，在坦克、飞机的内舱设计中，使人在舱内有效地操作和战斗，并尽可能使人长时间在小空间内减少疲劳，即处理好：人一机一环境的协调关系。及至第二次世界大战后，各国把人体工程学的实践和研究成果，迅速有效地运用到空间技术、工业生产、建筑及室内设计中，1960年创建了国际人体工程学协会。因此人体工程学的研究主题由"人适应机器"变成如何使"机器适应人"，使得可以减少人的疲劳、人为错误，提高工作效率。

（4）深化期，20世纪70年代至今。这一阶段，该学科开始渗透到人类工作生活的各个领域，同时自动化系统、人际信息交互、人工智能等都开始与之紧密联系。社会发展向后工业社会、信息社会过渡，重视"以人为本"。人体工程学强调从人自身出发，在以人为主体的前提下研究人们衣、食、住、行以及一切生产、生活活动。

## 二、发展趋势

当今社会发展向后工业社会、信息社会过渡，重视"以人为本""为人服务"，人体工程学强调从人自身出发，在意人为主体的前提下研究人们衣食住行以及一切生活、生产活动中综合

**图1-8** 开始使用自行车等机械

自行车的诞生，极大地解决了人们出行问题，对于短距离出行来说，自行车十分便利。

**图1-9** 现代化生产工具

自动化机械生产，提升了工作效率与产品产量，用机器代替了人工劳作。

**图1-10** 扫地机器人

采用人工智能技术，将生活与机器操作相融合，让人工智能代替手工作业。

**图1-11** 现代化交通工具

交通工具从地面转移到空中，出行速度更快、更安全，有效解决了出远门的问题。

图1-8 | 图1-9
图1-10 | 图1-11

**图1-12** 人体工程学的应用

传统的座椅由椅面、椅背、椅脚组成，现代座椅通过加装扶手来分散人体重量，使手部更加放松。

**图1-13** 人体工程学的应用

传统汽车后备箱都是上翻式设计，由于加装了备用车胎，后备箱开启方式为水平打开，更方便使用。

图1-12 | 图1-13

分析的新思路。其实人—机—环境是密切地联系在一起的一个系统，今后有望运用人体工程学主动地、高效率地支配生活环境。

人体工程学联系到室内设计，以人为主体，运用人体计测，生理、心理计测等手段和方法，研究人体结构功能、心理、力学等方面与室内环境之间的合理协调关系，以适合人的身心活动要求，取得最佳的使用效能，其目标应是安全、健康、高效和舒适。

人体工程学和环境心理学都是近几十年发展起来的新兴综合性学科。过去人们研究和探讨问题，经常会把人和物、人和环境割裂开来，孤立地对待，认为人就是人，物就是物，环境也就是环境，或者是单纯地以人去适应物和环境对人们提出要求。而现代室内环境设计日益重视人与物和环境之间的关系，以人为主体的具有科学依据的协调。因此，室内环境设计除了依然十分重视室内环境设计外，对物理环境、生理环境以及心理环境的研究和设计也已予以高度重视，并开始运用到设计实践中去。

在技术变化迅速，产品生命周期缩短的现在和未来，"人体工程学"作为一门研究使用者生理、心理特点及其需求，并通过相应的设计技术予以满足人体需求的学科，在激烈的市场竞争中其地位将会更加巩固，加强人体工程学的研究、开发和设计，有着不可忽视的作用。

# 第三节　人体工程学研究

## 一、研究内容

人体工程学的研究包括理论和应用两个方面，目前本学科研究的总趋势还是以应用为重。虽然各国对于人体工程学研究的侧重点不同，但纵观本学科在各国的发展历程，可以看出确定本学科研究内容有如下一般规律：总的来说，工业化程度不高的国家往往是从人体测量、环境因素、作业强度和疲劳等方面着手研究，随着这些问题的解决，才转到感官知觉、运动特点、作业姿势等方面的研究，然后再进一步转到操纵、显示设计、人体系统控制以及人体工程学原理在各种工程设计中的应用等方面的研究，最后则进入人体工程学的前沿领域，如人机关系、人与环境的关系、人与生态等方面的研究。

**图1-14** 降低工伤发生率

在危险系数高的作业中，用机器代替人工操作，可以减少对操作人员的伤害。

**图1-15** 蝴蝶型键盘

蝴蝶型键盘相对于普通键盘，是仿照手在打字时的操作习惯设计的，键盘上的按键都能在手掌范围内操作。

**图1-16** 人在室内活动

根据人体在室内活动的尺度与动作域来设计空间尺寸，让室内空间更好地服务于人。

**图1-17** 人在室内活动

人在室内空间活动时，需要一定的活动范围，才能有效地开展活动。

| | |
|---|---|
| 图1-14 | 图1-15 |
| 图1-16 | 图1-17 |

人体工程学研究的主要内容可概括为以下几方面。

**1. 人体特性的研究**

人体特性的研究主要是探讨在设计中与人体有关的问题，如人体形态特征参数、人的感知特性、人的反应特性等。

**2. 人机系统的总体设计**

人机系统工作效能的高低首先取决于它的总体设计，也就是要在整体上使机与人体相适应。

**3. 工作场所和信息传递装置的设计**

工作场所设计合理与否，将对人的工作效率产生直接影响。研究作业场所设计的目的是保证物质环境适应于人体的特点，使人以无害于健康的姿势从事劳动，既能高效完成工作，又能感到舒适。

**4. 环境控制与安全保护设计**

对设计师而言，人体工程学应用研究主要分为：动作、工业产品及人机界面研究；环境条件、环境心理、环境行为、作业空间研究；视觉传达、家具、服装等领域的应用研究；人的情感因素，能力及作业研究。

## 二、人体工程学与设计的关系

人体工程学可以说是属于设计的基础，设计领域引入人体工程学可以用革命来形容，具体地说，可以参照现代建筑的设计，将人体再深入到建筑本身中去，不再是仅仅从美学角度去考虑，而是深入到功能使用上。仅从室内环境设计这一范畴来看如下。

**1. 确定人和人际在室内活动所需空间的主要依据**

根据人体工程学中的有关数据，从人的尺度、动作域、心理空间及人际交往的空间等，以确定空间范围。

### 2. 确定适用范围的主要依据

家具设施为人所使用，因此它们的形体、尺度必须以人体尺度为主要依据；同时，人们为了使用这些家具和设施，其周围必须留有活动和使用的最小余地，这些要求都由人体工程学予以解决。室内空间越小，停留时间越长，对这方面测试的要求也越高，例如车厢、船舱、机舱等交通工具内部空间的设计。

### 3. 提供适应人体的室内物理环境的最佳参数

室内物理环境主要有室内热环境、声环境、光环境、重力环境、辐射环境等，具有上述参数后，就可以做出科学合理的设计。

### 4. 对视觉要素的计测为室内视觉环境设计提供科学依据

人眼的视力、视野、光觉、色觉是视觉要素，人体工程学通过计测得到的数据，为室内光照设计、室内色彩设计、视觉最佳区域等提供了科学的依据。

## 第四节　人体测量

人体测量是一门通过测量人体各部位的尺寸，来确定个人之间和群体之间在人体尺寸上的差别的科学，主要用测量和观察的方法来描述人体的特征状况，是建筑构造结构和家具设计的重要资料之一。各种机械设备、环境设施、家具尺度、室内活动空间等都必须根据人体测量数据进行设计。

### 一、人体测量基础

公元前1世纪，罗马建筑师威特鲁威（Vitruvian）从建筑学角度对人体尺度做了全面论述。到了文艺复兴时期，达芬奇根据维特鲁威的描述创作了人体比例图。1870年，比利时数学家Quitlet发表了（人体测量学），创建了这一学科。直到20世纪40年代，工业化社会的发展，使人对人体尺寸的测量有了新的认识。

图1-18 ｜ 图1-19
图1-20 ｜ 图1-21

**图1-18** 车厢内部空间设计

地铁运行时间长，设置许多站点，因此，采用座位与拉手设计，能够容纳更多的出行者。

**图1-19** 机舱内部空间设计

飞机运输没有中间站，因此需要为每一位乘客配备座位，以保证每个乘客在高空中的安全。

**图1-20** 家具摆放

通过对室内热环境、声环境、光环境、重力环境、辐射环境的分析，可以合理地摆放家具。

**图1-21** 室内光线

通过计算与测量，对室内最佳采光点进行准确分析，可以设计出最佳的视觉效果。

维特鲁威

维特鲁威是公元1世纪初一位罗马工程师的姓氏，他的全名叫马可维特鲁威（Marcus Vitruvius Pollio）。他在总结了当时的建筑设计经验后编写成了一部名叫《建筑十书》的关于建筑学和工程的论著，全书共十章。这本书是世界上遗留至今的第一部完整的建筑学著作，也是现在仅存的罗马技术论著。他最早提出了建筑的三要素："实用、坚固、美观"，并且首次谈到了把人体的自然比例应用到建筑的丈量上，并总结出了人体结构的比例规律。此书的重要性在文艺复兴之后被重新发现，并由此点燃了古典艺术的光辉火焰。

人体测量是用测量的方法来研究人体特征的科学。测量仪器一般用人体高度仪、直角规、弯脚规，采用摄影方法和三维数学测量法。

### 1. 人体测量

（1）构造尺寸。指静态的人体尺寸，是指人体处于固定的状态下测量的尺寸。它对于人体有密切关系的物体有很大联系。比如手臂长度、腿长度、座高等。可以测量许多不同的标准状态和不同的部位。主要为人体的各种装具设备提供数据。静态人体测量一般用马丁测量仪测量。

（2）功能尺寸。指动态的人体尺寸，也叫动态人体测量，它是人在活动时所测量得来的，包括动作范围、动作过程、形体变化等。人在进行肢体活动时，所能达到的最大空间范围，得出这个数据能保证人在某一空间内正常活动。在任何一种身体活动中，身体各部位的动作并不是独立完成的，而是协调一致的，具有连贯性和活动性，它对解决空间范围、位置问题有很多的作用。人的关节的活动，身体转动所产生的角度问题与肢体的长短协调要平衡。

### 2. 测量姿势

（1）直立姿势。被测者挺胸直立，头部以眼耳平面定位，眼睛平视前方，肩部放松，上肢自然下垂，手伸直，手掌朝向体侧，手指体贴大腿侧面，膝部自然伸直，左、右足后跟并拢，前端分开，使两足大致呈45°夹角，体重均匀分布于两足。为确保直立姿势正确，被测者应使足后跟、臀部和后背与同一铅垂面相接触。

（2）坐姿。被测者挺胸坐在被调节到腓骨头高度的平面上，头部以眼耳平面定位，眼睛平视前方，左、右大腿大致平行，膝弯曲大致成直角，足平放在地面上，手轻放在大腿上。为确保坐姿正确，被测者的臀部、后背部应同时靠在同一铅面上。

### 3. 基准面测量（见图1-22）

（1）矢状面。人体测量基准面的定位是由三个互相垂直的轴（铅垂轴、纵轴和横轴）来决定的。通过铅轴和垂轴的平面及其平行的所有平面都称为矢状面。

（2）矢状面。在矢状面中，将人体分为左右两部分的面，不管是不是对等的，只要是左右两部分就是矢状面，而左右对等的面被称为正中矢状面。

（3）冠状面。通过铅垂轴与横轴的平面与其平行的所有平面都称为冠状面。这些平面将人体分为前、后两个部分。

（4）水平面。与矢状面、冠状面同时垂直的所有平面都称为水平面。水平面将人体分为上、下两个部分。

（5）眼耳平面。通过左、右耳屏点及右眼眶下点的水平面称为眼耳平面或者法兰克福平面。

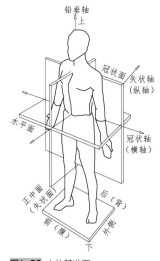

**图1-22** 人体基准面

**图1-23** 人体测高仪

#### 4. 人体测量的仪器

（1）人体测高仪。人体测高仪又称圆杆直角规，马丁测高仪。人类学中用于测量人体高度的仪器，由主尺杆、固定尺座、活动尺座、管形尺座、两支直尺和两只弯脚等组成。用以测量身高、坐高和体部的各种高度。现代人体测量仪均为电子产品，测量数据更加丰富（见图1-23）。

（2）人体成分仪。是一种可以测量人体成分健康指数的仪器，主要能测量体重、性别、身高、年龄、阻抗。测量人体成分包括体脂肪、体重、BMI（身体质量指数）、非脂肪量等各项健康指数，有效指示人的身体健康状况（图1-24）。

### 二、人体测量数据

#### 1. 人体基础数据

人体基础数据主要有下列三个方面，即有关人体构造、人体尺度和人体动作域等有关数据。

（1）人体构造。与人体工程学关系最紧密的是运动系统中的骨骼、关节和肌肉，这三部分在神经系统支配下，使人体各部分完成一系列的运动。骨骼由颅骨、躯干骨、四肢骨三部分组成；脊柱可完成多种运动，是人体的支柱，关节起到骨间连接且能活动的作用；肌肉中的骨骼肌受神经系统指挥收缩或舒张，使人体各部分协调动作。

**图1-24** 人体成分仪

（2）人体尺度。它是人体工程学研究的最基本的数据之一，包括静止时的尺度和活动时的尺度。

（3）人体动作域。人们在室内各种工作和生活活动范围的大小，它是确定室内空间尺度的重要依据因素之一。以各种计测方法测定的人体动作域，也是人体工程学研究的基础数据。人体动作域的尺度是动态的，其动态尺度与活动情景状态有关。

室内设计时人体尺度具体数据尺寸的选用，应考虑在不同空间与围护的状态下，要以安全为前提。例如：对门洞高度、楼梯通行净高、栏杆扶手高度等，应取男性人体高度的上限，并适当加以人体动态时的余量进行设计；对踏步高度、上搁板高度等，应按女性人体的平均高度进行设计。

#### 2. 百分位的概念

百分位表示具有某一人体尺寸和小于该尺寸的人占比统计对象总人数的百分比。以第五百分位、人体身高尺寸为例，表示有5%的人身高等于或小于该尺寸。

大部分人的人体测量数据是按百分位表达的，把研究对象分成一百份，根据一些指定的人体尺寸项目（如身高），从最小到最大顺序排列，进行分段，每一段的截至点即为一个百分位。以身高为例：第5百分位的尺寸表示有5%的人身高等于或者小于这个尺寸。换句话说就是有95%的人身高高于这个尺寸。第95百分位则表示有95%的人等于或者小于这个尺寸，5%的人身高高于这个尺寸。第50百分位为中点，表示把一组数据平分成两组，较大的50%和较小的50%。第50百分位的数值可以说是最接近平均值，但是不能理解为有"平均人"这个尺寸。

百分位选择主要是指净身高，应该选用高百分点数据。因为顶棚高度一般不是关键尺寸，设计者应考虑尽可能地适应每一个人。

**3. 影响人体测量数据的因素（表1-2～表1-4）**

（1）种族和环境。生活在不同国家、不同地区、不同种族、不同环境的人体尺寸存在差异，即使是一个国家，不同地区的人体尺寸也有差异。

（2）性别。对于大多数的人体尺寸，男性比女性要大一些（但有四个尺寸正相反，即胸厚、臀宽、臀部及大腿周长）。同整个身体相比，女性的手臂和腿较短，躯干和头占比例较大，肩部较窄，盆骨较宽，再比如用坐姿操作的岗位，考虑女性的尺寸至关重要。皮下脂肪厚度及脂肪层在身体上的分布，男女也有明显的差别。

（3）年龄。身高随着年龄的增长而收缩，体重、肩宽、腹围、臀围、胸围却随着年龄的增长而增加。在采用人体尺寸时，必须判断对象适合哪些年龄组，不同年龄组尺寸数据不同。一般男性在20岁左右停止增长，女性在18岁左右停止增长。手的尺寸男性在15岁达到一定值，女性在13岁左右达到一定值。脚的尺寸男性在17岁左右基本定型，女性在15岁左右基本定型。工作空间设计时，尽量适合20～65岁的人的需求。儿童的话，只要头部可钻过去，身体就可以过去。老年人身高比年轻的时候低，伸手够东西的能力不如年轻人。

（4）职业。职业的不同，在身体大小及比例上也不同。一般体力劳动者平均身体尺寸都比脑力劳动者要大一些。

表1-2 　　　　　　　　　　不同国家人体尺寸对比表

| 序号 | 国家与地区 | 性别 | 身高（cm） | 标准差（cm） |
|---|---|---|---|---|
| 1 | 美国 | 男 | 175.5（市民） | 7.2 |
| | | 女 | 161.8（市民） | 6.2 |
| 2 | 苏联 | 男 | 177.5（1986年资料） | 7.0 |
| 3 | 日本 | 男 | 165.1（市民） | 5.2 |
| | | 女 | 154.4（市民） | 5.0 |
| 4 | 英国 | 男 | 178.0 | 6.1 |
| 5 | 法国 | 男 | 169.0 | 6.1 |
| | | 女 | 159.0 | 4.5 |
| 6 | 德国 | 男 | 175.0 | 6.0 |
| 7 | 意大利 | 男 | 168.0 | 6.6 |
| | | 女 | 156.0 | 7.1 |
| 8 | 加拿大 | 男 | 177.0 | 7.1 |
| 9 | 西班牙 | 男 | 169.0 | 6.1 |
| 10 | 比利时 | 男 | 173.0 | 6.6 |
| 11 | 波兰 | 男 | 176.0 | 6.2 |
| 12 | 匈牙利 | 男 | 166.0 | 5.4 |
| 13 | 捷克 | 男 | 177.0 | 6.1 |
| 14 | 非洲地区 | 男 | 168.0 | 7.7 |
| | | 女 | 157.0 | 4.5 |

表1-3　　　　　　　　　　　我国不同地区人体尺寸对比表

| 项目<br>地区 | | 男（18～60岁） | | | 女（18～55岁） | | |
|---|---|---|---|---|---|---|---|
| | | 身高（mm） | 体重（kg） | 胸围（mm） | 身高（mm） | 体重（kg） | 胸围（mm） |
| 东北<br>华北 | 均值 | 1693 | 64 | 888 | 1586 | 55 | 848 |
| | 标准差 | 56.6 | 8.2 | 55.5 | 51.8 | 7.7 | 66.4 |
| 西北 | 均值 | 1684 | 60 | 880 | 1575 | 52 | 837 |
| | 标准差 | 53.7 | 7.6 | 51.5 | 51.9 | 7.1 | 55.9 |
| 华中 | 均值 | 1669 | 57 | 853 | 1575 | 50 | 831 |
| | 标准差 | 55.2 | 7.7 | 52.0 | 50.8 | 7.2 | 59.8 |
| 华南 | 均值 | 1650 | 56 | 851 | 1549 | 49 | 819 |
| | 标准差 | 57.1 | 6.9 | 48.9 | 49.7 | 6.5 | 57.6 |
| 西南 | 均值 | 1647 | 55 | 855 | 1546 | 50 | 809 |
| | 标准差 | 56.7 | 6.8 | 48.3 | 53.9 | 6.9 | 58.8 |
| 东南 | 均值 | 1686 | 59 | 865 | 1575 | 52 | 837 |
| | 标准差 | 53.7 | 7.6 | 51.5 | 51.9 | 7.1 | 55.9 |

表1-4　　　　　　　　　　我国不同地区人体各部分平均尺寸表　　　　　　　　　　　　　　mm

| 编号 | 部位 | 较高人体地区（冀、鲁、辽） | | 中等人体地区（长江三角洲） | | 较低人体地区（四川） | |
|---|---|---|---|---|---|---|---|
| | | 男 | 女 | 男 | 女 | 男 | 女 |
| A | 人体高度 | 1690 | 1580 | 1670 | 1560 | 1630 | 1530 |
| B | 肩宽度 | 420 | 387 | 415 | 397 | 414 | 385 |
| C | 肩峰至头顶高度 | 293 | 285 | 291 | 282 | 285 | 269 |
| D | 正立时眼的高度 | 1513 | 1474 | 1547 | 1443 | 1512 | 1420 |
| E | 正坐时眼的高度 | 1203 | 1140 | 1181 | 1110 | 1144 | 1078 |
| F | 胸廓前后径 | 200 | 200 | 201 | 203 | 205 | 220 |
| G | 上臂长度 | 308 | 291 | 310 | 293 | 307 | 289 |
| H | 前臂长度 | 238 | 220 | 238 | 220 | 245 | 220 |
| I | 手长度 | 196 | 184 | 192 | 178 | 190 | 178 |
| J | 肩峰高度 | 1397 | 1295 | 1379 | 1278 | 1345 | 1261 |
| K | 1/2上个骼展开全长 | 869 | 795 | 843 | 787 | 848 | 791 |
| L | 上身高长 | 600 | 561 | 586 | 546 | 565 | 524 |
| M | 臀部宽度 | 307 | 307 | 309 | 319 | 311 | 320 |
| N | 肚脐高度 | 992 | 948 | 983 | 925 | 980 | 920 |
| O | 指尖到地面高度 | 633 | 612 | 616 | 590 | 606 | 575 |
| P | 上腿长度 | 415 | 395 | 409 | 379 | 403 | 378 |
| Q | 下腿长度 | 397 | 373 | 392 | 369 | 391 | 365 |
| R | 脚高度 | 68 | 63 | 68 | 67 | 67 | 65 |
| S | 坐高 | 893 | 846 | 877 | 825 | 350 | 793 |
| T | 腓骨高度 | 414 | 390 | 407 | 328 | 402 | 382 |

### 三、常用人体基本尺寸

#### 1. 身高

身高指人身体垂直站立时、眼睛向前平视时从脚底到头顶的垂直距离。主要应用于确定通道、门、床、担架等的长度，行道树的分枝点的最小高度。一般建筑规范规定的和成批生产预制的门和门框高度都适用于99%以上的人，所以这些数据可能对于确定人头顶障碍物高度更为重要。身高测量时不能穿鞋袜，而顶棚高度一般不是关键尺寸，因此选用百分点是要选用高百分点数据。

#### 2. 立姿眼睛高度

立姿眼睛高度是指人身体垂直站立、眼睛向前平视时从脚底到内眼角的垂直距离。主要应用于在会议室、礼堂等处人的视线，用于布置广告或者其他展品，用于确定屏风和开敞式办公室内隔断的高度。由于是光脚测量的，所以要加上鞋子的厚度，男子大约2.5cm，女子大约7.5cm。百分位的选择将取决于空间场所的性质，空间场所相对私密性的要求较高，设计的隔断高度就与较高人的眼睛高度密切相关（第95百分点或更高）。反之隔断高度应考虑较矮人的眼睛高度（第5百分点或更低）。

#### 3. 肘部高度

肘部高度是指从脚底到人的前臂与上臂结合处可弯曲部分的垂直距离。主要应用于确定站着使用的工作台的舒适高度，像梳妆台、柜台、厨房案台等。通常，这些台面最舒适的高度是低于人的肘部高度7.6cm。另外，休息平面的高度大约应该低于肘部高度2.5~3.8cm。

#### 4. 两肘宽度

两肘之间的宽度是指两肘在弯曲时，自然靠近身体，前臂平伸时两肘外侧面之间的水平距离。这些数据可用于确定会议桌、餐桌、柜台等周围的位置。

#### 5. 肘部平放高度

肘部平放高度是指座椅坐面到肘部尖端的垂直距离。用于确定椅子扶手、工作台、书桌、餐桌和其他设施的高度。肘部平放高度的目的是为了使手臂得到舒适的休息。这个高度在14~28cm之间最合适。

#### 6. 坐高

坐高是指人挺直坐着时或者放松时，座椅座面到头顶的垂直距离。用于确定座椅上方障碍物的允许高度。在布置双层床时，或者进行创新的节约空间设计时等要有这个尺寸来确定高度。座椅的倾斜、座椅软垫的弹性、帽子的厚度以及人坐下和站起时的活动都是要考虑的重要因素。

#### 7. 坐时眼睛高度

坐时眼睛高度是指坐时内眼角到坐面的垂直距离。当视线是设计问题的中心时确定视线和最佳视区就要用到这个尺寸，这类设计包括剧院、礼堂、教室和其他需要良好试听条件的室内空间。头部与眼部的转动角度，座椅软垫的弹性，座椅面距地面高度和可调座椅的调节角度范围等因素都需要考虑。

#### 8. 肩宽

肩宽是指人肩两侧三角肌外侧的最大水平距离。肩宽数据可用于确定环绕桌子的座椅间距和影院、礼堂中的座位之间的间距，也可确定室内外空间的道路宽度。

### 9. 臀部宽度

臀部宽度是指臀部最宽部分水平尺寸。一般坐着测量这个尺寸，坐着测量比站着测量的尺寸要大一些。对扶手椅子内侧，对吧台、前台和办公座椅的设计有很大作用。

### 10. 大腿厚度

大腿厚度是指从座椅面到大腿与腹部交接处的大腿端部之间的垂直距离。柜台、书桌、会议室、家具及其他设备的关键尺寸与大腿厚度息息相关，这些设备需要把腿放在工作面下面。特别是有直立式抽屉的工作面，要使大腿与腿上方的障碍物之间有适当的活动空间，这些数据必不可少。

### 11. 膝盖高度

膝盖高度是指从脚底到膝盖骨中点的垂直距离。这些数据是为了确定从地面到书桌、餐桌、柜台地面距离的关键尺寸，尤其适用于使用者需要把大腿部分放在家具下面的场合。坐着的人与家居地面之间的靠近程度，决定了膝盖高度和大腿厚度是否是关键尺寸。同时，座椅高度、坐垫的弹性、鞋跟的高度等都需要考虑。

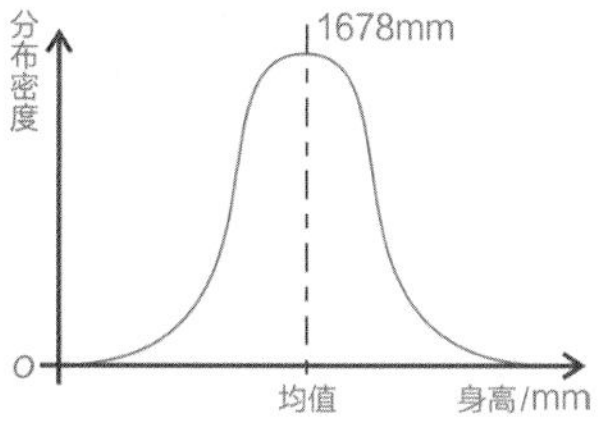

**图1-25**（群体人体尺寸）身高的数据近似服从正态分布规律

高约1678mm的中等身高者人数最多，身高与此接近的人数也较密集，身高与1678mm差得越多、人数越少，由于正态分布曲线的对称性，可知中值1678mm就是全体中国男子身高的平均值，且身高高于这一数值的人数和低于这一数值的人数大体相等。

## 四、人体尺寸数据

群体的人体尺寸数据近似服从正态分布规律，具有中等尺寸的人数最多，随着对中等尺寸偏离值加大，人数越来越少。人体尺寸的中值就是它的平均值，以中国成年男子（18～60岁）的身高为例（图1-25）。

人体基本尺寸之间一般具有线性比例关系，身高、体重、手长等是基本的人体尺寸数据，它们之间一般具有线性比例关系，这样通过身高就可以大约计算出人体各部位的尺寸。通常可以取基本人体尺寸之一作为自变量，把某一人体尺寸表示为该自变量的线性函数式：

$$Y = aX + b$$

式中　$Y$—人体尺寸数据；

　　　$X$—身高、体重、手长等基本人体尺寸（之一）；

　　　$a$、$b$—（对于特定的人体尺寸）常数。

这个公式对不同种族、不同国家的人群都是适用的，但关系式中的系数$a$和$b$却随不同种族、国家的人群而有所不同。下面是基本人体尺寸表和尺寸图（表1-5～表1-10和图1-26～图1-29）。

**表1-5**　　　　　　　　　　**基本人体尺寸表**　　　　　　　　　　mm

| 部位 | 男（18～60岁） | | | | | | 女（18～55岁） | | | | | |
|---|---|---|---|---|---|---|---|---|---|---|---|---|
| | 1 | 5 | 10 | 50 | 90 | 99 | 1 | 5 | 10 | 50 | 90 | 99 |
| 身高 | 1543 | 1583 | 1604 | 1678 | 1775 | 1814 | 1449 | 1484 | 1503 | 1570 | 1640 | 1697 |
| 体重 | 44 | 48 | 50 | 59 | 70 | 83 | 39 | 42 | 44 | 52 | 63 | 71 |
| 上臂长 | 279 | 289 | 294 | 313 | 333 | 349 | 252 | 262 | 267 | 284 | 303 | 319 |
| 前臂长 | 206 | 216 | 220 | 237 | 253 | 268 | 185 | 193 | 198 | 213 | 229 | 242 |
| 大腿长 | 413 | 428 | 436 | 465 | 496 | 523 | 387 | 402 | 410 | 438 | 467 | 494 |
| 小腿长 | 324 | 338 | 344 | 369 | 396 | 419 | 300 | 313 | 319 | 344 | 370 | 390 |

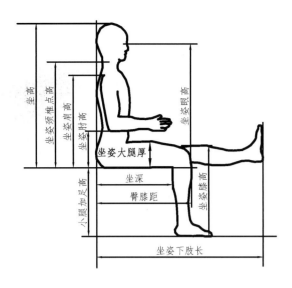
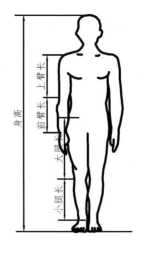
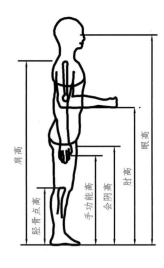
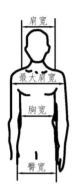
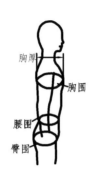

**图1-26** 人体基本尺寸

人体的基本尺寸包括坐姿下肢长、坐高、身高、肩高、最大肩宽、臀宽等主要尺寸。

**表1-6　立姿人体尺寸表　mm**

| 部位 | 男（18～60岁） | | | | | | 女（18～55岁） | | | | | |
|---|---|---|---|---|---|---|---|---|---|---|---|---|
| | 1 | 5 | 10 | 50 | 90 | 99 | 1 | 5 | 10 | 50 | 90 | 99 |
| 眼高 | 1436 | 1474 | 1495 | 1568 | 1643 | 1705 | 1337 | 1371 | 1388 | 1454 | 1522 | 1579 |
| 肩高 | 1244 | 1281 | 1299 | 1367 | 1435 | 1494 | 1166 | 1195 | 1211 | 1271 | 1333 | 1385 |
| 肘高 | 925 | 954 | 968 | 1024 | 1079 | 1128 | 873 | 899 | 913 | 960 | 1009 | 1050 |
| 手功能高 | 656 | 680 | 693 | 741 | 787 | 828 | 630 | 650 | 662 | 704 | 746 | 778 |
| 会阴高 | 701 | 728 | 741 | 790 | 840 | 887 | 648 | 673 | 686 | 732 | 779 | 819 |
| 胫骨点高 | 394 | 409 | 417 | 444 | 472 | 498 | 363 | 377 | 384 | 410 | 437 | 459 |

表1-7　坐姿人体尺寸表　mm

| 部位 | 男（18~60岁） | | | | | | 女（18~55岁） | | | | | |
|---|---|---|---|---|---|---|---|---|---|---|---|---|
| | 1 | 5 | 10 | 50 | 90 | 99 | 1 | 5 | 10 | 50 | 90 | 99 |
| 坐高 | 836 | 858 | 870 | 908 | 947 | 979 | 789 | 809 | 819 | 855 | 891 | 920 |
| 坐姿颈椎点高 | 599 | 615 | 624 | 657 | 691 | 719 | 563 | 579 | 587 | 617 | 648 | 675 |
| 坐姿眼高 | 729 | 749 | 761 | 798 | 836 | 868 | 678 | 695 | 704 | 739 | 773 | 803 |
| 坐姿肩高 | 539 | 557 | 566 | 598 | 631 | 659 | 504 | 518 | 526 | 556 | 585 | 609 |
| 坐姿肘高 | 214 | 228 | 235 | 263 | 291 | 321 | 201 | 215 | 223 | 251 | 277 | 299 |
| 坐姿大腿厚 | 103 | 112 | 116 | 130 | 146 | 160 | 107 | 113 | 117 | 130 | 146 | 160 |
| 坐姿膝高 | 441 | 456 | 464 | 493 | 523 | 549 | 410 | 424 | 431 | 458 | 485 | 507 |
| 小腿加足高 | 372 | 383 | 389 | 413 | 439 | 463 | 331 | 342 | 350 | 382 | 399 | 417 |
| 坐深 | 407 | 421 | 429 | 457 | 486 | 510 | 388 | 401 | 408 | 433 | 461 | 485 |
| 臀膝距 | 499 | 515 | 524 | 554 | 585 | 613 | 481 | 495 | 502 | 529 | 561 | 587 |
| 坐姿下肢长 | 892 | 921 | 937 | 992 | 1046 | 1096 | 826 | 851 | 865 | 912 | 960 | 1005 |

表1-8　　　　　　　　人体水平尺寸表　　　　　　　　　　mm

| 部位 | 男（18~60岁） | | | | | | | 女（18~55岁） | | | | | | |
|---|---|---|---|---|---|---|---|---|---|---|---|---|---|---|
| | 1 | 5 | 10 | 50 | 90 | 95 | 99 | 1 | 5 | 10 | 50 | 90 | 95 | 99 |
| 胸宽 | 242 | 253 | 259 | 280 | 307 | 315 | 331 | 219 | 233 | 239 | 260 | 289 | 299 | 319 |
| 胸厚 | 176 | 186 | 191 | 212 | 237 | 245 | 261 | 159 | 170 | 176 | 199 | 230 | 239 | 260 |
| 肩宽 | 330 | 344 | 351 | 375 | 397 | 403 | 415 | 304 | 320 | 328 | 351 | 371 | 377 | 387 |
| 最大肩宽 | 383 | 398 | 405 | 431 | 460 | 469 | 486 | 347 | 363 | 371 | 397 | 428 | 438 | 458 |
| 臀宽 | 273 | 282 | 288 | 306 | 327 | 334 | 346 | 275 | 290 | 296 | 317 | 340 | 346 | 360 |
| 坐姿臀宽 | 284 | 295 | 300 | 321 | 347 | 355 | 369 | 295 | 310 | 318 | 344 | 374 | 382 | 400 |
| 胸围 | 762 | 791 | 806 | 867 | 944 | 970 | 1018 | 717 | 745 | 760 | 825 | 919 | 949 | 1005 |
| 腰围 | 620 | 650 | 665 | 735 | 859 | 895 | 960 | 622 | 659 | 680 | 772 | 904 | 950 | 1025 |
| 臀围 | 780 | 805 | 820 | 875 | 948 | 970 | 1009 | 795 | 824 | 840 | 900 | 975 | 1000 | 1044 |

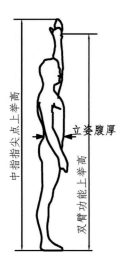

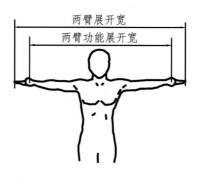

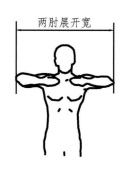

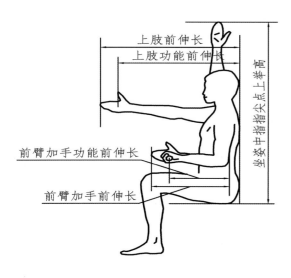

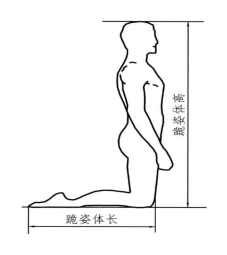

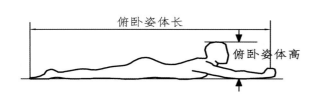

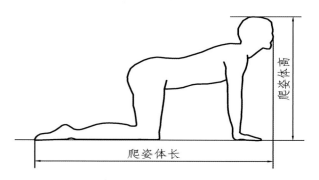

**图1-27** 人体功能尺寸图

人体在站立、坐姿、跪姿、屈膝、卧倒、伸手、收手的各种姿势，关系着室内外空间设计的造型与尺度。

| 序号 | 名称 | 立姿 | | | |
|------|------|------|------|------|------|
| | | 男 | | 女 | |
| | | 亚洲人 | 欧美人 | 亚洲人 | 欧美人 |
| 1 | 眼高 | 0.933H | 0.937H | 0.933H | 0.937H |
| 2 | 肩高 | 0.844H | 0.833H | 0.844H | 0.833H |
| 3 | 肘高 | 0.600H | 0.625H | 0.600H | 0.625H |
| 4 | 脐高 | 0.600H | 0.625H | 0.600H | 0.625H |
| 5 | 臀高 | 0.467H | 0.458H | 0.467H | 0.458H |
| 6 | 膝高 | 0.267H | 0.313H | 0.267H | 0.313H |
| 7 | 腕-腕距 | 0.800H | 0.813H | 0.800H | 0.813H |
| 8 | 肩-肩距 | 0.222H | 0.250H | 0.213H | 0.200H |
| 9 | 胸深 | 0.178H | 0.167H | 0.133~0.177H | 0.125~0.166H |
| 10 | 前臂长(包括手) | 0.267H | 0.250H | 0.267H | 0.250H |
| 11 | 肩-指距 | 0.467H | 0.438H | 0.467H | 0.438H |
| 12 | 双手展宽 | 1.000H | 1.000H | 1.000H | 1.000H |
| 13 | 手举起最高点 | 1.278H | 1.250H | 1.278H | 1.250H |
| 14 | 坐高 | 0.222H | 0.250H | 0.222H | 0.250H |
| 15 | 头顶-坐距 | 0.533H | 0.531H | 0.533H | 0.531H |
| 16 | 眼-坐距 | 0.467H | 0.458H | 0.467H | 0.458H |
| 17 | 膝高 | 0.267H | 0.292H | 0.267H | 0.292H |
| 18 | 头顶高 | 0.733H | 0.781H | 0.733H | 0.781H |
| 19 | 眼高 | 0.700H | 0.708H | 0.700H | 0.708H |
| 20 | 肩高 | 0.567H | 0.583H | 0.567H | 0.583H |
| 21 | 肘高 | 0.356H | 0.406H | 0.356H | 0.406H |
| 22 | 腿高 | 0.300H | 0.333H | 0.300H | 0.333H |

表1-9　　　　　　　　人体各部位尺寸与身高的比例表

注：H表示人体身高，前面数据表示占据身高的百分比，如0.300H表示该数据的长度位于身高长度的30％。

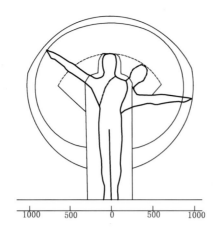
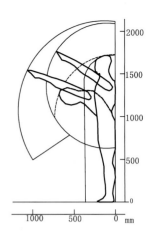

**图1-28** 人体活动空间

人体在站姿、坐姿状态下，手臂上下摆动的幅度尺寸，以及手臂摆动幅度的适度空间，用来确定人体的最佳舒适空间，一般舒适空间，局促空间等，这对设计师来说，是十分重要的数据。

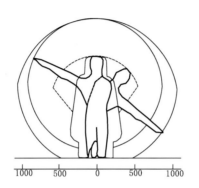
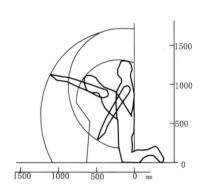

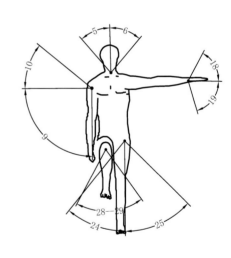

**图1-29** 人体各部位角度活动图（对应表1-10）

人体在活动时，头部、手部、腿部在不同状态下运动，存在活动范围最小值与最大值，这些数据是设计的重要依据。

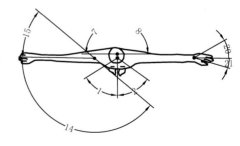

表1-10 　　　　　　　　　　　　　　　人体各部位的角度活动范围

| 身体部位 | 移动关节 | 动作方向 | 动作角度 | |
| --- | --- | --- | --- | --- |
| | | | 编号 | 活动角度（°） |
| 头 | 脊柱 | 向右转 | 1 | 55 |
| | | 向左转 | 2 | 55 |
| | | 屈曲 | 3 | 40 |
| | | 极度伸展 | 4 | 50 |
| | | 向左侧弯曲 | 5 | 40 |
| | | 向右侧弯曲 | 6 | 40 |
| 肩胛骨 | 脊柱 | 向右转 | 7 | 40 |
| | | 向左转 | 8 | 40 |
| 臂 | 肩关节 | 外展 | 9 | 90 |
| | | 抬高 | 10 | 40 |
| | | 屈曲 | 11 | 90 |
| | | 向前抬高 | 12 | 90 |
| | | 极度伸展 | 13 | 45 |
| | | 内收 | 14 | 140 |
| | | 极度伸展 | 15 | 40 |
| | | （外观） | 16 | 90 |
| | | （内观） | 17 | 90 |
| 手 | 腕（枢轴关节） | 背屈曲 | 18 | 65 |
| | | 掌屈曲 | 19 | 75 |
| | | 内收 | 20 | 30 |
| | | 外展 | 21 | 15 |
| | | 掌心朝上 | 22 | 90 |
| | | 掌心朝下 | 23 | 80 |
| 腿 | 髋关节 | 内收 | 24 | 40 |
| | | 外展 | 25 | 45 |
| | | 屈曲 | 26 | 120 |
| | | 极度伸展 | 27 | 45 |
| | | 屈曲时回转（外观） | 28 | 30 |
| | | 屈曲时回转（内观） | 29 | 35 |
| 小腿 | 膝关节 | 屈曲 | 30 | 135 |
| | | 内收 | 31 | 45 |
| 足 | 踝关节 | 外展 | 32 | 50 |

# 第五节　案例分析：北京最美图书馆

篱苑书屋坐落在北京怀柔风景秀丽的交界河村东南山水交汇处的智慧谷，占地170m²，总投资160余万元。书屋依山傍水，钢架结构，全玻璃外窗，在玻璃窗外用几万根的柴火棍环绕，既可以透光，也避免强光的暴晒。由清华大学建筑学院教授李晓东选址设计，所有的图书来自许多海内外以及知名人士的"捐赠"。书屋使用了4.5万根柴火棍，全部来自村民的爱心奉献，书屋也因此得名"篱苑"（图1-30、图1-31）。

书屋可以向游客及村民提供免费的阅览读物和空间，同时亦可作为游客及村民相互交流的一处清舍雅苑。屋所处基地背山面水，景色清幽，一派自然的松散。图书主题多样，基本上以文、史、哲、地理为主，通俗读物也不少（图1-32、图1-33）。

书籍排布也很随意，读者可以随手抽取自己感兴趣的书籍，就近找一个舒服的地方，或坐、或躺、或半卧，静心阅读，体味绕梁书香带来的欢乐与忧愁，也可以在潺潺水声与山间美景中慵懒地任思绪轻舞飞扬（图1-34、图1-35）。

| 图1-30 | 图1-31 |
| --- | --- |
| 图1-32 | 图1-33 |
| 图1-34 | 图1-35 |

**图1-30** 外观设计

图1-30为了使建筑与周边环境浑然一体，设计师还引入了当地村民常用的柴火，将它们布置在玻璃幕墙后以形成篱笆，让书屋本身与自然环境结合成浑然的一体。

**图1-31** 构造设计

图1-31设计构思旨在与自然相融合，营造出人与自然和谐共处、天人合一的情境。

**图1-32** 过道尺度设计

考虑到来此阅读与旅游者，过道尺寸十分宽阔，能够容纳多人并排行走，也增强了桥面的承重性能。

**图1-33** 景观绿化设计

书屋依山而建，结合当地的地域特色，与周边的景观融为一体，形成良好景观环境。

**图1-34** 书架设计

室内空间的构成简单直白，主体空间由大台阶及书架组成，书即摆在台阶下方，成为主要的阅读空间。不同于一般的图书馆书籍整齐有序，书屋书架上随意摆放着书籍，读者随手就能拿起一本书阅读。

**图1-35** 简约设计

书屋分为两层，采用合成杉木板装修，中间有90cm的空当将整个书屋从中截为两半，用于连接一二层的大台阶既是书架又是楼梯，上下两层的两端各有一个下沉式围坐、讨论空间。整个屋内空间极其简约，没有摆放任何家具。

来自满山遍野的4.5万根柴火棍，被布置在玻璃幕墙后而形成篱笆，原本图书馆的玻璃与钢的混搭结构，因为错落有致的柴火棍的点缀而变得平易近人，兼顾着坚固与采光两种需要（图1-36、图1-37）。

**图1-36** 柴火棍设计

简单的主体建筑结构，却因为柴火棍的装点而变得别致而独特，不仅与自然风景相得益彰，还别有味道地营造出浓浓的书卷气。

**图1-37** 采光设计

书屋由木料建成，外观铺满了柴火棍，阳光透过柴火棍的缝隙，洒满整个书屋。

图1-36｜图1-37

★ 小贴士

公共空间避免眩光的措施：

（1）作业区应减少或避免阳光直射。

（2）工作人员的视觉背景不宜为窗口。

（3）为降低窗亮度或减少天空视域，可采用室内外遮挡设施。

（4）窗结构的内表面或窗周围的内墙面，宜采用浅色饰面。

（5）对于采光设计，应注意光的方向性，避免对工作产生遮挡和不利的阴影，如对书写作业，天然光线应从左侧方向射入。

（6）当白天天然光线不足而需要补充人工照明的场所，补充的人工照明光源宜选择接近天然光色温的高色温光源。

（7）对于需识别颜色的场所，宜采用不改变天然光光色的采光材料。

（8）对于公共空间的天然采光设计，宜消除紫外线辐射，限制天然光照度值并减少曝光时间。

（9）对于具有镜面反射的观看目标，应防止产生反射眩光和映像。


## 本章小结

人体工程学也称人机工程学、人类工程学、人体工学、人间工学或人类工效。工效学源出自希腊文"Ergo"，即"工作、劳动"和"nomos"即"规律、效果"，即探讨人们劳动、工作效果、效能的规律性。人体工程学被越来越广泛地应用于人们的日常生活中，让人们的衣食住行更加舒适与便捷。本章通过对人体工程学的历史、发展及作用等的介绍，让大家对人体工程学有一个初步的认识。

# 第二章
# 人与环境设计

**学习难度：**★★★☆☆

**重点概念：**环境、行为、感知觉、质量

**章节导读：**人与环境的关系是生物发展史上长期形成的一种相互联系、相互制约和相互作用的关系。由于客观环境的多样性和复杂性，以及人类特有的改造和利用环境的主观能动性，使人和环境呈现着极其复杂的关系。因此，正确认识并处理两者之间的关系就成了关键。人体工程学的任务之一就是人与环境相互协调，使人机环境系统达到一个理想的状态。现代社会中，环境一词被广泛应用，环境是人类生活和工作的使用区域，健康和舒适的环境是现代化生活的重要标志，追求良好的环境是人体工程学的研究目标。自然环境是人类生存发展的物质基础，人类对环境利用的同时也要保护自然环境，这不仅是人类自身的需要，更是维护人与自然和谐稳定发展的前提。

## 第一节　人与环境的关系

### 一、行为与环境空间

人的行为简单地说就是人们每天的生活中都要做什么和怎么做。比如，起床、洗脸、梳妆、用餐等，有的活动大都相同，有些则具有偶然性。空间与人的行为常常具有直接的对应关系，例如，洗脸对应着盥洗间，摆放洗手盘、洗涮台等；就餐需要对应着厨房、餐厅，摆放厨具和餐具等。

#### 1．功能

任何有功能需求的设计，都必须考虑使用者的行为需求。功能首先表现在要满足使用需求，任何空间都必须从大小、形式、质量等方面满足一定的用途，使人能够在其中实现行为。

房间的尺寸通常指开间和进深，需要考虑家具设备的布置和人的活动（表2-1）。房间内部家具、设备的尺寸确定的基础——居室人体尺寸。

表2-1　　　　房间内部常用家具设备尺寸（长×宽×高 单位：mm）

| 名称 | 尺寸（长×宽×高） |
|---|---|
| 单人床 | 2000×1200×450、2000×1000×420、2000×900×420 |
| 双人床 | 2000×2000×450、2000×1800×420、2000×1500×420 |
| 中餐桌 | 1400×800×760、1200×600×750、1000×500×750 |
| 西餐桌 | 1600×800×760、1400×700×750、1200×600×750 |

确定房间的尺寸还要考虑恰当的比例，相同面积的房间，因开间、进深的尺寸不同而形成不同的比例，一般来说，室内空间比例取1∶1.5~1∶3为宜（图2-1、图2-2）。

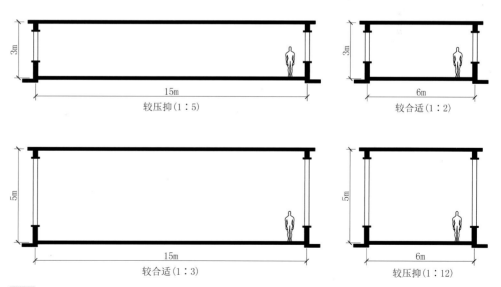

**图2-1** 空间比例

过低、过高、过大、过小的室内空间都会给人不同的心理感受，过低、过小的空间会给人压抑的心理感受，严重者会感到呼吸紧张。过高、过大的室内空间，在心理上给人空虚、寂寥的感受，影响居住者的心理感受。

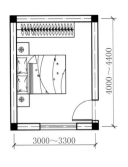
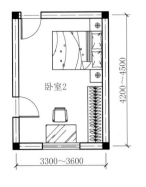

卧室2

4000~4400
3000~3300

4200~4500
3300~3600

2700~3000
3300~3600

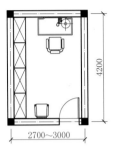
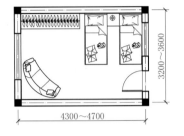
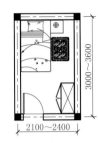

4200
2700~3000

3200~3600
4300~4700

3000~3600
2100~2400

图2-2

图2-3 | 图2-4

**图2-2** 房间平面尺寸

**图2-3** 房间间接采光

房间间接采光是窗户没有开在阳光的直射面，每天的采光有限制，在一定时间段才有采光。

**图2-4** 房间直接采光

房间直接采光是阳光直接照射在室内，一天里的采光效果都很好，在室内完全不用借助其他的照明设备。

## 2. 空间质量

采光面指用于采光的面积与房间面积的比例，比例越高，采光效果越好。采光窗户直接向外开设；间接采光指采光窗户朝向封闭式走廊、直接采光厅、厨房等开设。间接采光效果不如直接采光（图2-3、图2-4）。一套住宅最好占据住宅楼的两个朝向，如板式住宅的南与北、东与西，塔式住宅的东与南、南与西等。

朝向一般是指窗户在整个房间里的位置，如南北向是指南边有窗户，北边也有窗户，这样的房间通风流畅，空气流通快。而房间能保持空气新鲜和阳光充足是人们对房间的基本要求。

**★ 小贴士**

**房屋朝向**

（1）房屋朝南。朝南的房屋便于保持阳光充足和空气流通。冬季阳光能照射至房屋室内深处，让室内明亮温暖；夏季朝南的房屋便于避开阳光直射，减少了受到强烈阳光的"洗礼"。此外，房屋可以保持良好的通风，有利于室内的清新和干燥。

（2）房屋朝东南。除开正南，基于风向、通风因素的考虑，住宅建筑设计有南偏东15°、30°都还不错，有些东南朝向的房屋居住舒适度甚至比正南朝向的还要好。

（3）房屋朝东。朝东的房屋接受阳光光照时间最早，居住者能迎接早晨第一缕阳光，呼吸流通的新鲜空气，晨光能带给人朝气蓬勃的心境，非常适合早睡早起的人。除此之外，房屋朝东无西晒之忧，夏天凉爽。

（4）房屋朝东北。采光不太好，冬季有些阴冷，但夏季会比较凉爽。这样的房屋对于那些在炎炎夏日里不能吹电扇或者用空调的人们来说实在可以算得上是称心如意的朝向户型。

（5）房屋朝西南。采光比较好，比起朝西的房屋，只有少许西晒困扰。基于风向、通风因素的考虑，正南偏西15°、偏西30°都不错。

（6）房屋朝西。采光时间比较短，夏季午后室内会出现曝晒的情况，但如果房屋有阳台，就不必过于担心夏季的曝晒问题。因为有了阳台射入室内的阳光会减少60%～70%，这样主要问题就被大大削弱了。西朝向所带来的好处是可以晾晒衣物、被褥，欣赏美丽的夕阳以及冬天宝贵的阳光会让你增添温暖感。

（7）房屋朝西北。此朝向有一个最大的弊端，北方冬季呼啸而来的西北风正对着吹，那感觉确实不好，但跟朝西的房屋一样，如果有可调节的封闭阳台，既可以抵抗冬季的大风，又可以享受些许阳光，也还不错。

（8）房屋朝北。朝北户型无疑采光最差，冬季阴冷。但若是房屋带阳台就可以将冬季刮的风挡在屋外。虽然无法让衣物、被褥经过阳光的照射，但要把衣服晾干还是没有问题的。

### 3. 尺度

在设计中要考虑与行为相关的另一方面就是人体尺度，既然设计要为人所用，那么空间形状与尺寸就应该与人体尺度相配合。家具和空间尺度的确立是以人体以及交往空间等行为发生时所需的尺度为基础。环境为不用的人所使用，因此要考虑的对象是变化的，通常会取一个标准值。

以坐具为例，要满足坐的功能，要能坐进去，还要比较宽松。同为坐具，功能不同的工作、就餐、休闲沙发就会有不同的座面尺寸，靠背的高度也会不同（图2-5）。不仅有基本尺寸，在与人联系的过程中还会有行为尺度，这时的尺度不仅要满足基本使用，还要使人感到舒适，同时不能因为过于宽松而造成浪费。

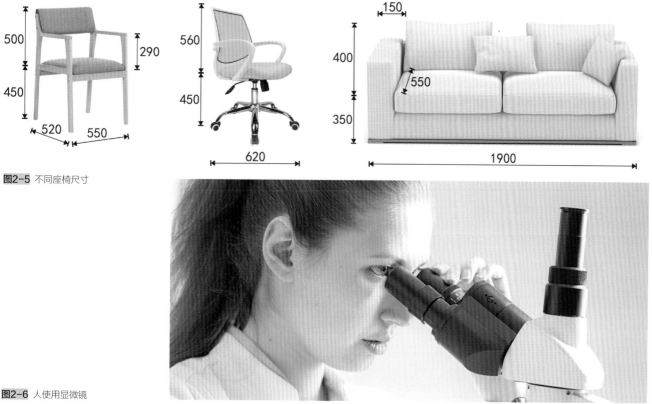

**图2-5** 不同座椅尺寸

**图2-6** 人使用显微镜

## 二、人—机—环境的关系

为解决该研究"人-机-环境"系统中人的效能、健康问题提供理论与方法的科学（图2-6）。为了进一步说明定义，需要对定义中提到的几个概念：人、机、环境、系统及效能做以下几点解释：

### 1. 人、机、环境三个要素

人是指作业者或使用者；人的心理特征、生理特征以及人适应机器和环境的能力都是重要的研究课题。机是指机器，但较一般技术术语的意义要广得多，包括人操作和使用的一切产品和工程系统。怎样才能设计出满足人的要求、符合人的特点的机器产品，是人体工程学探讨的重要问题。

### 2. 系统是人体工程学最重要的概念和思想

人体工程学的特点是，它不是孤立地研究人、机、环境这三个要素，而是从系统的总体高度，将它们看成是一个相互作用、相互依存的系统。"系统"即由相互作用和相互依赖的若干组成部分结合成的具有特定功能的有机整体，而这个"系统"本身又是它所从属的一个更大系统的组成部分。人机系统具有人和机两个组成部分，它们通过显示仪、控制器，以及人的感知系统和运动系统相互作用、机互依存，从而完成某一个特定的生产过程。人体工程学不仅从系统的高度研究人、机、环境三个要素之间的关系，也从系统的高度研究各个要素。

### 3. "人的效能"主要是指人的作业效能

即人按照一定要求完成某项作业时所表现出的效率和成绩。工人的作业效能由其工作效率和产量来测量。一个人的效能决定于工作性质、人的能力、工具和工作方法，决定于人、机、环境三个要素之间的关系是否得到妥善处理。

# 第二节　人与环境质量

环境质量是指在一个具体的环境内，环境的总体或环境的某些要素，对人体的生存和繁衍以及社会经济发展适宜程度。

## 一、人的健康与空间环境

室内空间的环境质量主要取决于室内空间的大小和形状。这是创建室内环境的主要内容，不同性质的空间环境，其形状和尺度都是不同的，但其共同特点都是要满足人的生活行为或生产行为的要求，而这种要求又是指当时大多数人（约80%以上）的生活行为和当时的生产条件下的生产行为的要求。人的健康与室内空间的环境质量有着密切的联系，室内环境污染物主要是甲醛、氨、苯等气体（表2-2）。

表2-2　　　　　　　　　　　　各类化学物质的污染性质

| 污染物 | 来源 | 危害 |
|---|---|---|
| 甲醛 | 室内装修使用的人造板<br>家具：人造板材及白乳胶、胶黏剂、油漆涂料等 | 气体中含致癌物质，在室温下易挥发，可进入呼吸道进入人体，对人体有害 |

| 污染物 | 来源 | 危害 |
|---|---|---|
| 氨 | 防冻剂<br>人体及动物的分泌物<br>室内装修材料及生活用品 | 易溶于上呼吸道的水分中，刺激眼睛、呼吸道和皮肤。严重时会造成支气管痉挛及肺气肿 |
| 苯 | 油漆涂料等装修材料<br>家用化学药品<br>脂肪、油墨、橡胶溶剂等 | 刺激麻醉呼吸道，破坏造血功能，被世界卫生组织确定为严重的致癌物质 |
| 氡 | 建筑材料、生活用水、天然气等 | 肺部组织受到照射，严重时会引起肺癌 |
| TVOC | 防水层、家用燃料不完全燃烧、人体排泄物、光化学作用等 | 感官刺激，引起局部组织炎症反应、过敏反应、神经毒性反应 |
| 空气中的微生物 | 土壤、水、植物、动物及人类的活动等 | 微生物个体微小、结构简单。易依附在气溶胶颗粒上较长时间，在空气中传播，引起疾病 |

## 二、环境质量评价

按照一定的评价标准和评价方法对一定区域范围内的环境质量进行说明、评定和预测，是人们认识和研究环境的一种科学方法，是对环境质量优劣的定量描述。通常说的一个室内环境的好与坏，就是指评价一个室内环境质量或比较几个室内环境质量的优劣或等级，实质上就是对不同环境状态的品质进行定量的描述和比较。就一个具体的室内环境而言，不是所有评价内容都一样重要，评价标准也不一样。评价环境质量的标准就是是否适合人类的生存和发展。

环境质量的好坏是由许多因素决定的，既要把它分解成各个单独的小分支进行分析，又要它把作为一个整体进行研究。

环境质量评价根据评价对象的不同、评价目的不同、评价范围的不同，所提出的评价精度要求也不一样，即对所能得出的评价结论与实际的环境质量两者之间允许的差异有着不同的要求。因此，对环境质量进行评价有很多种方法，比如：指数法、模式和模拟法、动态系统分析法、随机分析和概率统计法、矩阵法、网络法、综合分析法等，这些方法对环境质量的评价结果，只表示的是环境质量的相对概念，每种方法也都还可以引申出许多具体方法。

# 第三节　案例分析：人与环境空间

## 一、鹦鹉螺贝壳屋

鹦鹉螺贝壳屋位于墨西哥首都，Organica建筑事务所的建筑师Javier Senosiain在2006年为一个家庭设计了这座巨型的鹦鹉螺贝壳屋。客户是一对有两个孩子的年轻夫妇。他们厌倦了传统的住宅，希望能够拥有一座融入大自然的住房。

从外面沿着一道层层递升的楼梯走上前，可以通过一大扇彩色玻璃墙边的一角开门进入贝壳屋。迎门的右手边有一片花朵般的沙发休息区，周围尽是郁郁葱葱的植被；前方是客厅和餐厅；沿着蜿蜒曲折的螺旋楼梯继续探索，还有独特的电视室、工作室，以及私密的卧室等有趣和别致的生活空间（图2-7、图2-8）。

房子所在处的地势向上，南边、北边和东边都是高楼大厦，西边则可以一览广阔的群山。经过无数次修改后，形成了一个鹦鹉螺式的结构。居住在其中似乎像蜗牛一样，从一个房间缓慢移动到另一个房间，颇似共生的化石住所。住宅中没有任何划分，在三维的和谐空间中你会发现第四维的动感，从楼梯盘旋而下的时候感觉就像软体动物趴在植被上（图2-9～图2-12）

## 二、猫形幼儿园

猫形幼儿园，位于德国Wolfartsweier，由知名艺术家Tomi Ungerer设计。其灵感来源于他最喜爱的动物——猫。在这次的空间设计中，猫嘴被设计为入户门，猫肚子作为更衣室、教室、厨房与餐厅，头部是娱乐场，尾巴是紧急逃生通道，头顶上还有草坪以模仿猫的皮。整个幼儿园的造型可爱别致，充满了卡通梦幻效果，十分吸睛（图2-13和图2-14）。

| 图2-7 | 图2-8 |
|---|---|
| 图2-9 | 图2-10 |
| 图2-11 | 图2-12 |
| 图2-13 | 图2-14 |

**图2-7** 外观设计

建筑的外观仿照海螺的形状设计，在周边草坪的映衬下，仿佛一只巨大的贝壳趴在植被上。

**图2-8** 客厅设计

进入建筑内部后，客厅被设计成花朵的形状，在绿植的映衬下，建筑与景观达到了高度融合。

**图2-9** 踏步楼梯设计

不同于普通住宅的楼梯踏步，这里的踏步蚕蛹蜿蜒而上的石阶，从一个空间缓慢移动到另一个空间，整个台阶围绕着蘑菇形状的为主体，让人心理上感觉到稳定、安全。

**图2-10** 餐厅空间设计

餐厅采用了与墙面相同的材质，看上去餐桌与主体建筑是一个整体，椭圆形的餐桌与整个空间圆润的造型十分和谐。

**图2-11** 沙发设计

电视室里面的沙发直接靠墙设计，与弧形的墙壁形成一条线，正前方设计有电视机，可以一次性容纳10人观影。

**图2-12** 间趣味设计

洗手间的水龙头设计巧妙，利用蜗牛的外壳，水直接从壳内流出，十分有趣，整个空间充满了童趣气息。

**图2-13** 造型设计

建筑外观采用动物身体等比例放大设计，符合儿童对卡通形象的追求，在人机工程中，这种设计被称为仿生设计。

**图2-14** 尺度设计

建筑外部空间留有一定余地，作为儿童的室外活动空间，儿童可以在这里尽情玩耍，释放天性。

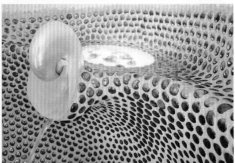

**图2-15** 采光窗设计

窗户的造型选用了特制圆形采光窗，符合外观造型需求，其次，采光窗只有上半部分可以打开，下部为全封闭形式，可以有效避免儿童因好奇心开启窗户，消除潜在危险。

**图2-16** 紧急逃生通道设计

小猫的尾巴被设计为逃生滑梯通道，这里平时可以作为儿童的娱乐场所，当发生紧急情况时，这里可以快速到达室外空间。

**图2-17** 依照心理学设计

由于该街区处于改造区，周围有许多破旧房屋及废墟，彩虹在生活中代表着好运，充满活力的标志。

**图2-18** 色彩设计

幼儿园时期的儿童处于对色彩辨识度高的阶段，采用明亮的色彩设计，有利于激发儿童的学习心理。

| 图2-15 | 图2-16 |
|---|---|
| 图2-17 | 图2-18 |

★ **小贴士**

仿生设计

主要是运用工业设计的艺术与科学相结合的思维与方法，从人性化的角度，不仅在物质上，更是在精神上追求传统与现代、自然与人类、艺术与技术、主观与客观、个体与大众等多元化的设计融合与创新，体现辩证、唯物的共生美学观。仿生设计的内容主要是模仿生物的特殊本领，利用生物的结构和功能原理来设计产品机械的设计方式。

在某种意义上，仿生设计学可以说是仿生学的延续和发展，是仿生学研究成果在人类生存方式中的反映。仿生设计学作为人类社会生产活动与自然界的契合点，使人类社会与自然达到了高度的统一，正逐渐成为设计发展过程中新的亮点。

"猫形幼儿园"整体使用结构，使人们通过猫张开的嘴进出建筑。猫的眼睛作为窗户，让充足的阳光进入教室。猫的尾巴则是一个滑梯，在课间休息的时候孩子们可以在滑梯上自由的玩耍，整体建筑外部采用特殊钢材制造，在阳光的照射下不会发出刺眼的反光，以柔和之美给孩子们留下唯美的童年回忆（图2-15、图2-16）。

## 三、巴黎彩虹幼儿园

巴黎彩虹幼儿园在巴黎18区的一角，由当地的建筑工作室Palatre和Leclère为这幢老建筑做全面的翻新设计。在改造中，各种五彩缤纷的颜色被纷纷引入，无论是建筑外观还是室内，都遍布了大胆而又欢快的用色，精通色彩艺术的设计师们用简洁明快并充满着设计感的线条为幼儿园注入了一股活跃的氛围。建筑师在其中植入更多的功能，将庭院开放。前院是这个学校的乐观形象，院子里交织着阳光（图2-17、图2-18）。

**图2-19** 彩虹跑道

开阔的场地上画上了彩虹图案，围绕着房屋的前院绘制一圈，让整个室外空间具有动感。

**图2-20** 室外活动区

室外活动区色彩丰富，鲜亮的色彩设计，能够冲淡孩童对周边废墟的恐惧感，整个室外空间充满童趣。

**图2-21** 室外游戏区

在游戏区可以看到，设计师将传统游戏绘制在地面上，通过不同色块来吸引儿童的注意力。

**图2-22** 室内娱乐空间设计

内部具有各种情感型空间，不同颜色的墙壁，各种形状的家具，提供多样化的触碰体验，激发孩子们的学习。

**图2-23** 厕所设计

厕所隔板采用蜗牛造型，十分可爱有趣，将如厕空间排列得整齐有序。

图2-19 | 图2-20 | 图2-21
图2-22 | 图2-23

彩虹就是幼儿园的主题，同时彩虹也被所有孩子们喜欢，它预示着雨过天晴的好天气征兆（图2-19～图2-21）。

彩虹的不同颜色出现在各个地方，引导孩子们。大门是红色的，每层都有自己的主题色，教室的门、地板色彩一致，墙壁是白色的，可以在这里画画、涂鸦，这是为了孩子们有地方充分表达内心的想法（图2-22、图2-23）。

## 本章小结

正确处理好人与环境的关系，就要求人类不仅仅是从自己的利益出发，应承认自然环境也有自己的价值，承认自然环境也可作为道德主体，这样在伦理上人与自然应该是平等的关系。本章节通过对人与环境的关系探讨，探究人体工程学在环境生活中的应用。

# 第三章

# 人与住宅

**学习难度：** ★★★☆☆

**重点概念：** 设计、空间、特征

**章节导读：** 人体工程学与住宅设计结合可以称为住宅人体工程学。住宅是人类永恒的话题，人类生活和住宅之间的联系是密不可分的，毋庸置疑，高素质的生活质量来自高质量的住宅环境。社会的发展，使人们物质生活与精神生活的水平不断提高，对住宅设计也有了新的条件与要求。舒适、安全、健康、经济的住宅设计已经成为设计师们必须妥善完成的一个任务，要达到这样的要求，需要运用到人体工程学的知识。

## 第一节　居住与设计

随着生活方式的改变，科技的发展和文化的进步，现代住宅不再是简单的栖身之所，它已成为在工作之余能够满足精神生活，发展个人专长和爱好，从事学习、社交、娱乐等活动的多功能场所。因此，住宅的室内设计除充分重视现代化条件的物质需要外，还应充分满足住户的不同职业、文化、年龄、个性特点所呈现出的千差万别的要求，营造出艺术与舒适相辅相成的空间环境。居住是人类生存和发展条件的基本活动之一，通过创造先进的居住模式可以极大地推动社会的进步。今天人们建造住宅的活动正在给人类赖以生存的自然和社会环境两个方面产生前所未有的作用力。现在的住宅质量差异大、装修环境差异大。已经不能满足一些青年人的需求。

### 一、住宅的个性化

根据住宅消费调查的结果显示，城市住宅消费的主力军是占全国总人口27%的青年。这部分群体以标新立异为个性，崇尚个性的生活方式和思维方式，对他们而言，家的概念不可同以往而语，家里的各项功能可以不需要全部具备，但是家居环境的舒适和质量感要有所呈现。并且房地产的蓬勃兴起，人们对住宅设计的要求越来越高，不仅现代科学发展越迅猛，历史文化的价值越被珍惜。

住宅形式的多变，最能体现使用者的性格。如方形的空间简洁整齐，让人感觉理智规整；曲面空间自由浪漫，让人感觉跳跃活泼；非直角形空间，让人感觉无拘无束等。空间的造型是体现个性化的重要内容。当住宅厨房空间较小时，可将厨房空间与室内客厅连成一体，成"一体式"住宅空间结构，再在厨房与客厅之间添加鱼缸、绿色植物等。让室内空间在视觉上显得更加宽敞，绿色气息浓厚，人的心情也会变美好（图3-1～图3-4）。

不同的人对住宅的结构要求有所不同，例如学习型、居家型、生活型、工作型、艺术型等。尤其是现在购房的大多数是青年人，他们的生活状态呈现出来的压力、消费观念、家庭观念、婚姻观念的哪个方面都表现出与众不同的特性。色彩与照明是直接反映住宅空间性格的重

图3-1 ｜ 图3-2
图3-3 ｜ 图3-4

**图3-1** 厨房设计

将厨房与餐厅连成一体，这种一体式的布局适合户型较小的空间，再加上绿植的点缀，整个空间显得更为宽敞。

**图3-2** 客厅设计

客厅是休闲娱乐、接待亲朋好友的空间，在设计时，应当具有层次感，体现出客厅品质。

**图3-3** 餐厅设计

宽餐厅与客厅设计在一个空间，仅仅在地面铺装与顶面吊顶中进行视觉分隔，这种设计能够让室内空间更通透。

**图3-4** 卧室设计

卧室的空间造型应该根据住户的性格爱好设计，这时住户应该参与其中，性格文静的可以将卧室设计成简约型空间；性格外向的可以设计成富有层次感的空间。

**图3-5** 老人房间

老年人生活经历丰富，一般喜欢诚实稳重的色系。

**图3-6** 儿童房

儿童天真烂漫，一般喜欢纯度较高的色系。

图3-5 | 图3-6

要部分，色彩与照明本身很具有许多拟人化的特点，色彩冷暖能让人感受到安静祥和与欢乐喜悦，色彩的明度能让人感到空间的活泼与深沉，色彩艳丽程度能让人感受到绚丽华美与含蓄朴实，不一样的色彩，人们对空间的感觉就会不一样。青年人追求时尚个性，室内空间色彩使用大胆，不拘一格。总之，各类人群表现出来的不同的房屋户型需求趋势，切入不同的功能空间，这些都是个性化的体现（图3-5、图3-6）。

## 二、住宅设计的特征

现代住宅最大的一个特征就是它是动态可变的，"灵活性""可变性""弹性"是设计中必须的。随着时间的发展，人的生活方式和行为方式的改变带来了建筑空间的相应变化。人体工程学在家具设计中的应用，就是强调家具在使用过程中人体的生理及心理反应，任何有功能需求的设计，都需考虑使用者使用要求，任何空间必须从大小、形式、质量等方面满足一定的用途，使人能在其中实现行为。

住宅空间的构成分为静态封闭空间、动态敞开空间和虚拟流动空间。静态封闭空间由限制性较强的墙体围合而成，私密性、安全感较强；动态敞开空间较为开放通透、界面灵活；虚拟流动空间利用视觉导向性来规划建筑空间，具有连接住宅主要功能区域的重要作用。由于卧室、卫生间是静态私密性空间，因此要有十分明显的分割界限。而客厅、餐厅、玄关等地方私密性较弱，通透性较强，设计师可通过弹性化设计实现住宅的个性化。比如阳台、客厅、餐厅、厨房都是邻接式空间组合，属于开敞性较大、通透性较长的住宅空间，设计师可选择通透性较强的窗帘、家具、摆设进行空间的弹性分隔，这样一来，既能强化住宅空间的功能作用，真正实现住宅空间的有效利用，又可以让住宅空间隔而不断。

## 三、住宅设计中的问题

近几年来，住宅设计一直是人们关注的重点，人们对住宅的使用功能、舒适度以及环境质量更加关心。住宅建设也从"量变"到"质变"，从一开始人们对量的追求逐渐过渡到对质的追求，健康住宅越来越受到人们的关注。这就要求在商品化住宅设计中首先要建立商品价值观念，住宅的功能、质量都要与其价格相联系，与市场需求相适应，精心设计，反复推敲，力求住宅精巧与实用。纵观住宅设计与现状，还存在着以下一些现实问题。

**1. 住宅建设与社会经济发展不同步**

长期以来，我国房地产行业发展，片面追求住宅数量，一味强调经济性，结果使住宅建设

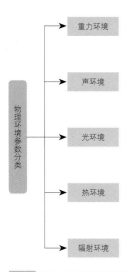

**图3-7** 住宅空间物理环境参数

重力环境、声环境、光环境、热环境、辐射环境是影响住宅空间的重要参数。

落后于现实发展，缺乏长远考虑，反而造成了居住质量的恶化和社会财富的浪费。

### 2. 住宅设计与居住行为脱节

设计时只片面理解住宅的面积指标，忽视了居住行为的基本空间尺度和面积的实际使用效率，造成居住空间的不合理配置，使居住行为不能有效地展开。

### 3. 缺乏选择性

随着时代的发展，设计空间也要与时俱进，不同时期住户对空间的使用有不同的要求与选择，古板僵硬的空间划分阻碍了生活质量的提高，造成空间的不合理使用。

### 4. 缺乏住户的参与

住户是一个群体性的概念，不同住户具有不同的审美意识和价值取向，作为居住行为的执行者，强硬地把住户生硬地塞进雷同的居住空间，没有住户的意见参与，是不尊重住户的行为表现。

## 四、住宅空间最佳物理参数

住宅空间物理环境主要有住宅空间重力环境、声环境、光环境、热环境、辐射环境等，住宅空间设计有了上述要求的科学的参数后，在设计时才可能有正确的决策（图3-7）。由各个界面围合而成的住宅空间，其形状特征常会使活动于其中的人产生不同的心理感受。

著名建筑师贝聿铭曾对他的作品——具有三角形斜向空间的华盛顿艺术馆新馆有很好的论述，贝聿铭认为三角形、多灭点的斜向空间常给人以动态和富有变化的心理感受（图3-8、图3-9）。

### ★ 小贴士

建筑师贝聿铭被誉为"现代建筑的最后大师"。作品以公共建筑、文教建筑为主，被归类为现代主义建筑，善用钢材、混凝土、玻璃与石材。他的代表建筑有美国华盛顿特区国家艺廊东厢、法国巴黎卢浮宫扩建工程。

## 五、人体工程学在住宅空间应用

由于人体工程学是一门新兴学科，在住宅空间环境设计中应用的深度和广度，有待于进一步认真开发，目前已有开展的应用方面如下。

### 1. 确定人和人体在住宅空间活动所需空间的主要依据

根据人体工程学中的有关计测数据，从人的尺度、动作域、心理空间以及人际交往的空间等，以确定空间范围（图3-10）。

### 2. 确定家具、设施的形体、尺度及其使用范围的主要依据

家具设施为人所使用，因此它们的形体、尺度必须以人体尺度为主要依据（图3-11）。同

**图3-8** 华盛顿艺术馆东馆外观设计

华盛顿艺术馆东馆的造型新颖独特，平面为三角形。既与周围环境和谐一致，又造成醒目的效果。

**图3-9** 华盛顿艺术馆东馆内饰设计

内部空间设计丰富多彩，室内的采光与展出效果很好。

图3-8 ｜ 图3-9

图3-10 | 图3-11

**图3-10** 人体活动与空间范围

厨房操作台用一道隐形门来划分空间，打开后的空间足够完成洗涤工作。

**图3-11** 人体活动最小余地

充分利用光源与照明设计，对客厅休闲空间进行合理设计。

时，人们为了使用这些家具和设施，其周围必须留有活动和使用的最小余地，这些要求都由人体工程科学地予以解决。住宅空间越小，停留时间越长，对这方面内容测试的要求也越高，例如车厢、船舱、机舱等交通工具内部空间的设计。

**3. 提供适应人体的住宅空间物理环境的最佳参数**

**4. 对视觉要素的计测**

为住宅空间视觉环境设计提供科学依据，人眼的视力、视野、光觉、色觉是视觉的要素，人体工程学通过计测得到的数据，对住宅空间光照设计、住宅空间色彩设计、视觉最佳区域等提供了科学的依据。

**★ 补充要点**

**住宅空间环境与使用者的个性关系**

住宅空间环境设计应考虑使用者的个性与环境的相互关系，环境心理学从总体上既肯定人们对外界环境的认知有相同或类似的反应，同时也十分重视作为使用者的人的个性，对环境设计提出的要求，充分理解使用者的行为、个性。在塑造环境时予以充分尊重，但也适当地动用环境对人的行为的"引导"，对个性的影响，甚至一定程度意义上的"制约"，在设计中掌握合理的分寸。

## 第二节　居住与空间

人体工程学联系到住宅设计，其含义为以人为主体，运用人体计测、生理、心理计测等手段和方法，研究人体结构功能、心理、力学等方面与住宅环境之间的合理协调关系，以适合人的身心活动要求，取得最佳的使用效能，使人在安全、健康、舒适的住宅环境中生活。住宅设计是根据建筑物的使用性质、所处环境和相应标准，运用物质技术手段和建筑设计原理，创造功能合理、舒适优美、满足人们物质和精神生活需要的住宅环境。

### 一、起居室

起居室是供居住者会客、娱乐、团聚等活动的空间（图3-12），设计时主要考虑起居生活行为的秩序特征、主要家具摆放尺度需要、空间感受等。与之相对应的起居空间布局便是通过多人沙发、茶几、电视柜组合而成。起居室，也就是客厅，在家庭的布置中，往往占据非常重要的地位，在布置上一方面注重满足会客这一主题的需要，风格用具方面尽量为客人创造方便；另一方面，客厅作为家庭外交的重要场所，更多地用来凸显一个家庭的气度与公众形象，因此规整、庄重、大气是其主要风格追求。

起居室在视觉设计上，最好有足够的光源，起居室的色调偏中性暖色调，面积较小的墙壁和地面的颜色要一致，以使空间显得宽阔。照明灯具是落地灯和吊灯，它和茶几等组成高雅、宁静的小天地，再与冷色调壁灯光配合，更能显出优美情调，吊灯要求简洁、干净利落（图3-13）。

作为家庭活动中心，现代意义的起居室整合了其他单一功能房间的内容，要满足家人用餐、读书、娱乐、休闲，以及接待客人等多种需要（图3-14）。在预先合理的规划下，即使多人共处，活动内容不同也不会互相干扰。使家庭成员之间得以进行无障碍的实时沟通，在固定的空间中不知不觉地拉近了情感距离。

起居室在确定空间尺寸范围时，要考虑与活动相关的空间设计和家居设计是否符合个人因素，坚持"以人为本"的设计思想，选择最佳的百分位，起居室与其他区域空间的内部家具布置也会有很大差别（图3-15、图3-16）。

传统上，起居室的格局以方正为上，最好有个完整的角，或者有一面完整的墙面，以便布置家具，有的起居室空间面积比较小，那么就要避免使用弧角、斜角等空间形状，这样的形状

**图3-12** 起居室中人体活动所需空间

书架的整体高度为1750mm，能够拿到书架最高层的书籍，上方则采用透明装饰玻璃装饰。沙发坐面高度为400mm，能够减轻坐下后对膝盖的受力。

**图3-13** 照明灯具

落地灯一般放在不妨碍人们走动之处，如沙发背左右或墙角。

**图3-14** 起居室功能

这种共处的效果不仅充分利用了有限空间，也无形中制造了一种安详和睦的居家气氛。

**图3-15** 起居室面积大小

起居室的大小面积不同、使用者的经济状况、生活方式、行为习惯等也有差异，

**图3-16** 独立性起居室

对于独立的起居空间而言，它对开间尺寸和面积往往是对起居室中一组沙发、一个电视柜、茶几等基本家具的占地面积及相应的活动面积进行分析得出的。

图3-13 | 图3-14
图3-15 | 图3-16

图3-17 起居室活动空间

图中较为清楚地标注了在起居空间中人们所需的活动范围，设计师在设计时能够为人体活动提供的尺度范围。

难以利用（图3-17）。起居室的设计必须要考虑利用率，长宽比例要协调，面宽和进深严重影响着采光的问题，一般开间和进深的比例以不超过1：1.5为宜，面宽大，采光面越大；进深越长，房间后部就无法得到好的光照。

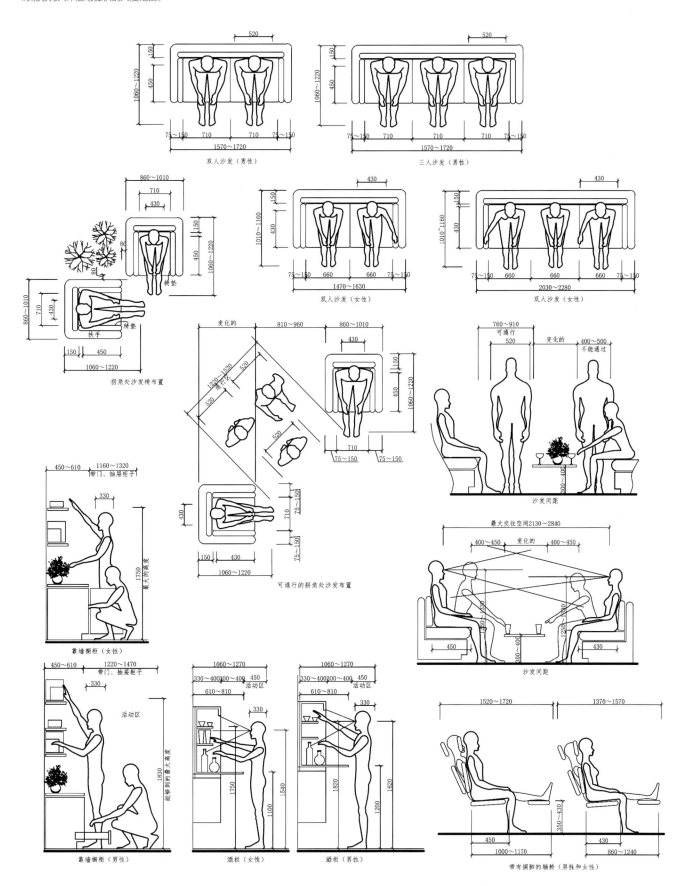

## 二、卧室

卧室是供居住者睡眠、休息的空间，是现在家庭生活必有的需求之一。卧室分为主卧、次卧，主卧通常指的是一个家庭场所中最大、装修最好的居住空间；次卧是区别于主卧的居住空间。卧室是居住者的私人空间，对私密性和安全性有着高度的要求，卧室空间设计是否合理，对人的学习、生活有着直接的联系（图3-18）。

对于空间的节省和利用，在一定程度上可以拓宽卧室的视觉效果，能让卧室整体看上去更为简洁舒适。卧室空间的面积大小不同，布局方式也有所差异。

### 1. 小面积简单布局

卧室主要功能是作为休息区域而存在的，重要性居于所有家庭规划中首要地位，规划是根据整体中的使用感受而做出布局决定。小居室兼顾功能性与易用性，以休息为第一目的首先步入考虑范围（图3-19）。

### 2. 中性兼顾功能性布局

中性居室具有较大空间来满足规划要求，在不同使用需求上，要求布局方案，或者布局风格完全不一样，最终适宜的确定型方案还会因实际环境的采光变化，使用实际需求发生改变（图3-20）。在整体布局中可以选择的功能性增加会变得容易，使用者可能会在居室功能性的重复，不可避免会存在于卧室中，存在于居室中重复的功能性布局可以让使用者在一个地方完成更多的事情，提高居室的实际使用效率。

GB 50096-2011《住宅设计规范》规定：卧室之间不应穿越，卧室应有直接采光、自然通风，其使用面积不宜小于下列规定：

（1）双人卧室为9m²。

（2）单人卧室为5m²。

（3）兼起居的卧室为12m²。卧室、起居室的室内净高不应低于2.40m，局部净高不应低于2.10m，且其面积不应大于室内使用面积的1/3。


★ 小贴士

GB 50096-2019《住宅设计规范》部分规定：

（1）住宅的卧室、起居室（厅）、厨房不应布置在地下室。当布置在半地下室时，必须采取采光、通风、日照、防潮、排水及安全防护采取措施。

（2）昼间卧室内的等效连续A声级不应大于45dB。

（3）夜间卧室内的等效连续A声级不应大于37dB。

（4）起居室（厅）的等效连续A声级不应大于45dB。


## 三、餐厅

在现代家居中，餐厅以较强的功能适应性成为住户生活中不可缺少的部分，将餐厅布置好，既能创造一个舒适的就餐环境，也令起居室增色不少。在一定条件下，优良的餐厅设计往往能为创造更趋合理的户型起到中间转换与调整的作用。起居厅与餐厅有机结合，形成一个布局合理、功能完善、交通便捷、生活舒适和富有情趣的户内公共活动区，继而形成优化的各区功能组合，满足现代住宅设计的需求，显得十分重要，也将直接影响到其他功能房间的布置方式（图3-21）。

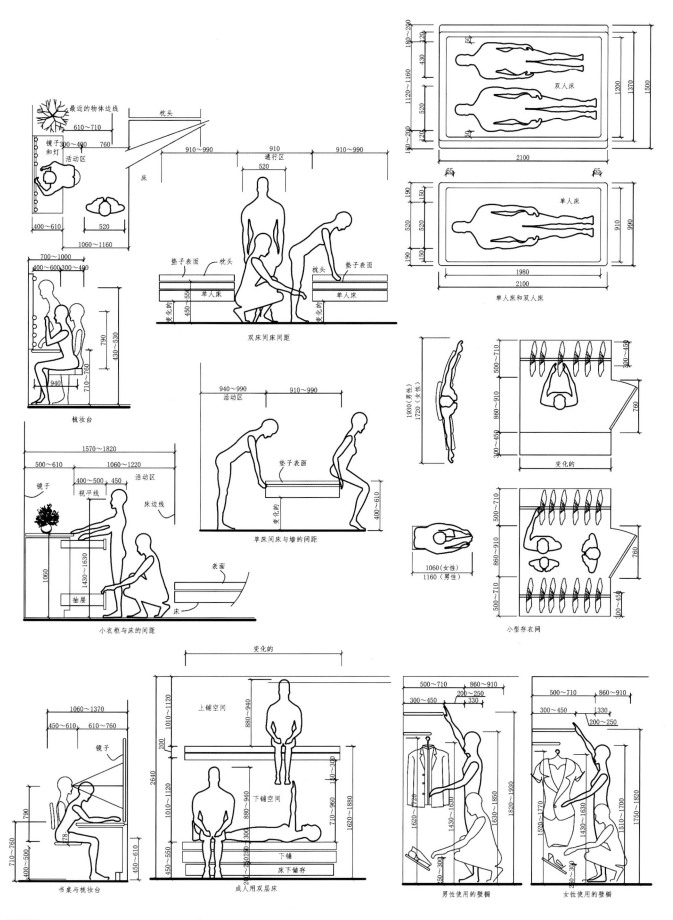

**图3-18** 卧室活动空间

确定人和人在住宅空间活动所需空间，主要依据是根据人体工程学中的有关计测数据，从人体的尺度、动作域、心理空间以及人际交往的空间等，以确定空间范围。

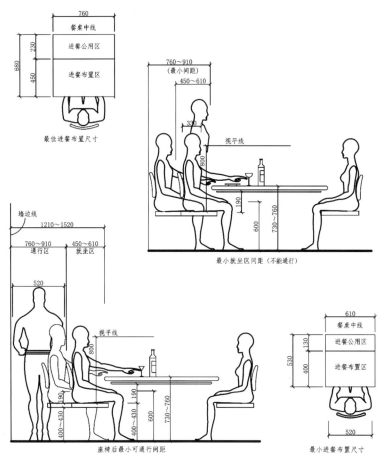

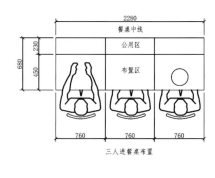

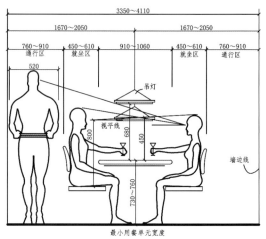

**图3-19** 小面积卧室布局

卧床所在居室占有居室中最大的空间，最终在使用层面上布局达到要求。

**图3-20** 功能性卧室布局

在布局上以满足使用者不同需求为主旨，整体布局中，可以增加的功能性布局：卫生间、办公区，以及室内植物。

**图3-21** 餐厅活动空间

餐厅的位置有三种，一是独立式餐厅；二是厨房餐厅一体式；三是客厅餐厅一体式。布置餐桌和餐椅方便人的就坐，餐桌与餐椅以及餐椅与墙壁之间形成的过道之间的尺度要把握好（图3-22、图3-23）。

图3-19 ｜ 图3-20
图3-21

**图3-22** 餐厅与厨房合并

餐区除了具有就餐功能，还具有烹饪功能，这是餐厅和厨房合并的，两者关系要把握好，保证就餐烹饪互不影响。

**图3-23** 餐厅与起居室合并

使用时，餐区的位置以邻接厨房最为合适，既可以缩短食物供应时间，又可以避免汤汁饭菜洒地板上。

图3-22 ｜ 图3-23

★ 小贴士

餐饮空间椅子的设计的要点

（1）坐面与地面的高度。不同国家和民族的人体尺度不尽相同，我国一般椅子坐面高度为400～460mm，坐面太高或太低都会对身体造成不同程度的不舒服，以至于导致身体肌肉疲劳或软组织受压等。对于目前我国休闲沙发来说坐面高度一般为330～420mm，在符合人体工程的情况下沙发座前可高一些，这样通过靠背的倾斜使脊椎处于一个自然的状态之下。

（2）餐椅的坐感不能太慵懒休闲。这样容易造成人因长时间坐姿而导致身体机能的不舒适。而且餐椅的大小要根据具体的空间大小来适当选择，不能占用太多的面积。椅子、沙发坐面的宽度，保证了人体臀部的全部支撑，在设计上需要留有一定的活动余地，可以使人随时调整坐姿。一般椅子坐面宽要大于380mm，需根据是否有扶手来确定椅子的具体坐面宽度。有扶手的椅子坐面宽度要大于460mm，一般为520～560mm。如果多人沙发的坐面亮度，根据人的肩膀宽度加上衣服的厚度再加上50～100mm的活动余量。

（3）餐椅沙发坐面的深度。如果坐面太深，背部支撑点悬空，同膝窝处受压；如果坐面太浅，大腿前沿软组织受压，坐久了使大腿麻木坐深，并且会影响食欲。一般椅子深度为400～440mm；用于休息的椅子和沙发，由于靠背倾斜度较大，座位深度可以深一些，一般为480～560mm。随着科技与工艺的不断进步，设计使得家具越来越多的呈现更为人性化的趋势，尤其对于座椅沙发来讲，更多的人性化商品通过设计已经出现在人们的生活中。

总之，从餐椅的设计中可以窥见人体工程学在餐饮空间设计中的运用是非常广泛并且有必要的，人体工程学的学科运用不但可以让在厨房流水线上工作的员工降低疲劳感，更可以使顾客在任何时候都感受到轻松和舒适。人体工程学的学科运用是餐厅人本服务的完善，更是细节品质的体现，能够更好地提高餐厅档次和消费者满意度。

## 四、厨房

橱柜是厨房必不可少的，很多时候在外面看起来很满意的橱柜，一买回家就发现高度不适合，使用起来很不方便。厨房有着属于它自己的适宜高度，不注意的话就会严重影响到我们的生活。凡是与人的使用有关的设施，其尺寸都要根据人的身体尺寸来确定（图3-24）。

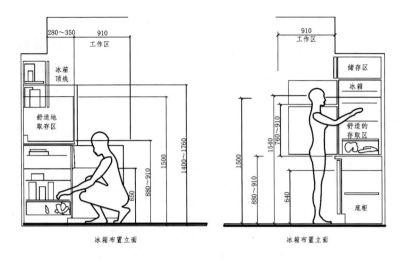
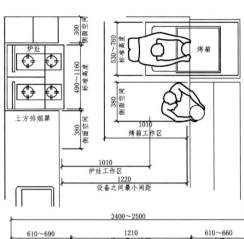

冰箱布置立面

冰箱布置立面

上方排烟罩

烤箱工作区

炉灶工作区

设备之间最小间距

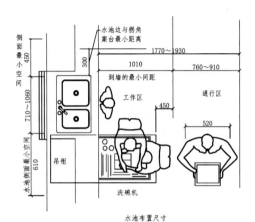

水池布置尺寸

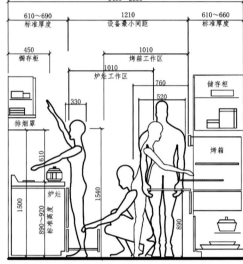

炉灶布置立面

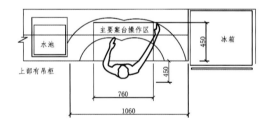

调制备餐布置

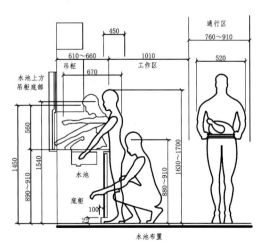

水池布置

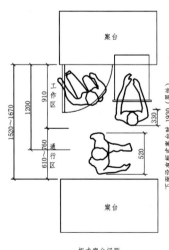

柜式案台间距

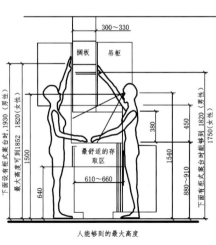

人能够到的最大高度

**图3-24** 厨房活动空间

### 1. 工作台尺寸

厨房工作台的高度应根据操作者身高工作时舒适为标准：购买厨具时也应考虑高度，最好选择可调节高度的产品，以东方人的体形而言，以人体站立时手指触及洗涤盆底部为准。另外，加工操作的案桌柜体，其高度、宽度与水槽规格应统一，与工作台相连的水槽也不宜有障碍，应在视觉上形成统一。

### 2. 吊柜尺寸

操作台上方的吊柜要能使主人操作时不碰头为宜。常用吊柜顶端高度不宜超过 230cm，以站立可以顺手取物为原则，长度方面则可依据厨房空间，将不同规格的厨具合理地配置，让使用者感到舒适。如今，厨房设计无论厨房高度如何，完全依据使用者的身高订制，才算是真正的"以人为本"的现代化厨房。吊柜底离地面的高度，主要考虑吊柜的布置不影响台面的操作、方便取放吊柜中物品、有效的储存空间以及操作时的视线，同时还要考虑在操作台面上可能放置电器、厨房用具、大的餐具等尺寸。为避免碰头或者影响操作，并兼顾储存量，吊柜深度应尽量考虑与地柜的上下对位，以增加厨房的整体感。

### 3. 地柜宽度

由于厨房中与地柜配合的厨具设备较多，如洗涤盆、灶具、洗碗机等，为使厨房设备有效地使用，就要有一定数量的储藏空间和方便的操作台面，所以在设备旁应配置适当面宽的操作台面，而这些地柜的宽度除了考虑储藏量外，还要与人体动作和厨房空间相协调。

### 4. 高立柜尺寸

考虑到厨房的整体统一，高立柜的高度一般与吊柜顶平齐，与地柜深度相同。为减轻高柜的分量感和使用时灵活方便，高柜的宽度不宜太宽，柜门应不大于600mm，操作台深度操作台用于完成所有的炊事工序。因此，其深度以操作方便、设备安装需要与储存量为前提（图3-25）。

### 5. 灶台与水槽的距离

在操作时，水槽和灶台之间的往返最为频繁，专家建议把这一距离调整到两只手臂张开时的距离范围内最为理想。燃气灶目前大多数是用干电池，进口燃气灶或个别燃气灶也有用交流电的，那么应考虑在燃气灶下柜安排插座，一般在下柜下面离地面约550mm左右，煤气头不要紧靠插座，同样也在煤气灶下柜内，一般情况下离地600mm，如果煤气灶下面安置烤箱或嵌入式消毒柜，煤气头位置应该或左或右偏离此柜。

吊柜门宽应低于400mm，避免碰头

水槽槽深一般为200mm左右
一般情况下离地600mm

地柜距地面800mm，宽度为550mm

**图3-25** 橱柜尺寸

## 五、卫生间

卫生间是家庭成员进行个人卫生工作的重要场所，是每个住宅不可或缺的一部分，它是家居环境中较实用的一部分，当代人们对卫生间及卫生设施的要求越来越高，卫生间的实用性强，利用率高，设计时应该合理、巧妙地利用每一寸面积。有时，也将家庭中一些清洁卫生工作也纳入其中，如洗衣机的安置、洗涤池、卫生打扫工具的存放等（图3-26）。

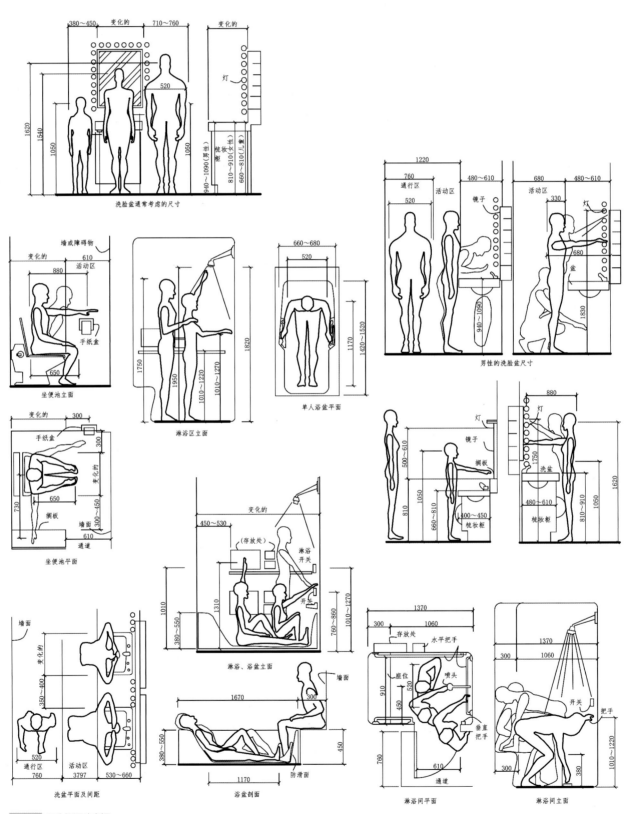

**图3-26** 卫生间活动空间

## 1. 基本原则

（1）卫生间设计应综合考虑清洗、浴室、厕所三种功能的使用。

（2）卫生间的装饰设计不应影响卫生间的采光、通风效果，电线和电器设备的选用，设置应符合电器安全规程的规定。

（3）地面应采用防水、耐脏、防滑的地砖、花岗岩等材料。

（4）墙面直用光洁素雅的瓷砖，顶棚宜用塑料板材、玻璃和半透明板材等吊板，亦可用防水涂料装饰。

（5）卫生间的浴具应有冷热水龙头，浴缸或淋浴宜用活动隔断分隔。

（6）卫生间的地坪应向排水口倾斜。

（7）卫生洁具的选用应与整体布置协调。

## 2. 功能分布

一个完整的卫生间，应具备入厕、洗漱、沐浴、更衣、洗衣、干衣、化妆，以及洗理用品的贮藏等功能。

在布局上来说，卫生间大体可分为开放式布置和间隔式布置两种。所谓开放式布置就是将浴室、便器、洗脸盆等卫生设备都安排在同一个空间里，是一种普遍采用的方式；而间隔式布置一般是将浴室、便器纳入一个空间而让洗漱独立出来，这不失为一种不错的选择，条件允许的情况下可以采用这种方式。

插座安装时，明装插座距地面应不低于1800mm；暗装插座距地面不低于300mm，距门框水平距离150～200mm，为防止儿童触电、用手指触摸或金属物插捅电源的孔眼，一定要选用带有保险挡片的安全插座；零线与保护接地线切不可错接或接为一体；卫生间常用来洗澡冲凉，易潮湿，不宜安装普通型插座。开关的位置与灯位要相对应，同一室内的开关高度应一致，卫生间应选用防水型开关，确保人身安全。

## 3. 设计尺寸

浴缸与对面墙之间的距离最好有1000mm，想要在周围活动的话这是个合理的距离，即便浴室很窄，也要在安装浴缸时留出走动的空间（表3-1）。

表3-1　　　　　　　　　　　　卫生间构件尺寸表

| 构件 | 所占面积尺寸（mm） | 图例 | 构件 | 所占面积尺寸（mm） | 图例 |
|---|---|---|---|---|---|
| 坐便器 | 370×600 | | 蹲便器 | 520×420 | |
| 悬挂式洗面盆 | 500×700 | | 圆柱式洗面盆 | 400×600 | |
| 浴缸 | 1600×700 | | 正方形淋浴间 | 800×800 | |

安装一个洗面盆并能方便的使用，需要空间为900mm×1050mm，这个尺寸适用中等大小的洗面盆，并能容下一个人在旁边洗漱。两个洁具之间应该预留200mm的距离，这个距离包括坐便器和洗面盆之间或者洁具与墙壁之间的距离。对摆放的浴缸和坐便器之间应该保持600mm的距离，这是能从中间通过的最小距离，所以一个能相向摆放浴缸和坐便器的洗手间应至少宽1800mm。要想在里侧墙边安装下一个浴缸的话，洗手间至少应该宽1800mm，这个距离对于传统浴缸来说是非常合适的。如果浴室比较窄的话，就要考虑安装小型浴缸了。浴室镜应该安装在大概1350mm的高度上，这个高度可以使镜子正对着人的脸。

滚筒洗衣机的外形尺寸比较统一，高度860mm左右，宽度595mm左右，厚度根据不同容量和厂家而定，一般都在460～600mm。

半自动洗衣机尺寸大小：820mm×450mm×950mm（深×宽×高），洗涤容量一般的8kg。不同规格的洗衣机和不同品牌的差距非常小，一般都是用肉眼无法看出来的，只有外形上的额差距。

全自动洗衣机尺寸大小：550mm×596mm×850mm（深×宽×高），洗涤容量一般是5～6kg。大规格的全自动洗衣机一般是6kg的洗涤量，小一点的就是5kg洗涤量，高度差不多，宽度小100～200mm。

## 六、住宅空间常用尺寸

在住宅空间设计中，对于室内的尺寸有相关定义（表3-2）。

表3-2　　　　　　　　　　　　常用的住宅空间尺寸

| 项目 | 尺寸 |
| --- | --- |
| 支撑墙体 | 厚度0.24m |
| 隔墙断墙体 | 厚度0.12m |
| 入户门 | 门高2.0～2.4m，门宽0.90～0.95m |
| 室内门 | 高1.9～2.0m、宽0.8～0.9m、门套厚度0.1m |
| 厕所、厨房门 | 宽0.8～0.9m、高1.9～2.0m |
| 住宅空间窗 | 高1.0m 左右，窗台距地面高度0.9～1.0m |
| 室外窗 | 高1.5m，窗台距地面高度1.0m |
| 玄关 | 宽1.0m、墙厚0.24m |
| 阳台 | 宽1.4～1.6m、长3.0～4.0m |
| 踏步 | 高0.15～0.16m、长0.99～1.15m、宽0.25m |
| 扶手 | 宽0.01m、扶手间距0.02m |

★ 补充要点

浴室家具

卫生间的色彩也要适应人体视觉感应，当你一天工作后，感到疲惫时，你可在卫生间这个小天地中松弛身心。卫生间虽小，但规划上也应讲究协调、规整，洁具的色彩选择必须一致，应将卫生间空间作为一个整体设计。一般来说，白色的洁具，显得清丽舒畅；象牙黄色的洁具，显得富贵高雅；湖绿色的洁具，显得自然温馨；玫瑰红色的洁具则富于浪漫含蓄色彩（图3-27～图3-32）。不管怎样，只有以卫生洁具为主色调，与墙面和地面的色彩互相呼应，才能使整个卫生间协调舒逸。

# 第三节　室内活动特征

衣食住行是人类生活必不可少的要素，而食和住就发生在居住空间中。人在住宅里活动，起居室、餐厅、卫生间、厨房等各个空间的尺度、家具布置、人体活动空间等都需要根据住宅人体工程学从科学的角度出发，为人们提供一个空间系统设计的依据。住宅人体工程学的主要意义是对人在空间中静止和运动的范围进行研究的。

## 一、人在住宅中活动的特征

### 1. 位置

位置即人所在或所占的地方。在室内空间中，人们在不同的环境中活动，均会产生一些空间位置和心理距离等。

（1）确定人在室内所需要的活动空间大小为依据。根据人体工程学所需要的数据进行衡量，从人的高度、运动所需要的范围、心理空间和人际交往空间，确定各种不同空间所需要的面积，让空间具有更合理的空间划分。

（2）确定家具、设施的形体，是家具设施为人所使用。家具是室内空间的主体，也是和人接触最为密切的，因此人体工程学的运用尤为重要。适合的形体和尺度才能更加科学地服务于人们，使之人们更加舒适、安逸地停留在该空间内。

（3）提供适应人体在室内空间环境中最佳的物理参数。室内物理环境主要有室内热环境、光环境、声环境等，室内空间设计时有了上述要求的科学参数后，在设计时就有可能有正确的决策，好的空间环境也是人体工程学中不可或缺的一部分，可以提高室内空间的舒适性。

### 2. 体积

所谓体积，在室内空间中即人们活动的三维范围。这个范围根据每个人不同的身体特征、生活习惯以及个人爱好等不同而异。所以，在室内空间设计中，人体工程学的运用通常采用的都是数据的平均值。具体尺寸需要根据不同的人而进行改变，从而也体现出了"以人为本，服务于人"的设计理念。

### 3. 活动效率

家庭活动的主要标新在休息、起居、学习、饮食、家务、卫生等方面，各种活动在家庭中所占时间不同，花费的能量及其效率也是不同的。一个人一天在家的活动中，休息活动所占最长，约占60%；起居活动所站的时间次之，约占30%；家务等活动所占比例最少，约占10%（表3-3、表3-4）。

表3-3 不同家务工作的能耗

| 活动 | 体重（kg） | 能耗（W/min） |
|---|---|---|
| 坐着工作 | 84 | 1.98 |
| 园艺 | 65 | 5.95 |
| 擦窗 | 61 | 4.30 |
| 跪着洗地板 | 48 | 3.95 |
| 弯腰清洁地板 | 84 | 6.86 |
| 熨衣服 | 84 | 4.88 |

表3-4 不同活动的工作效率

| 活动 | 效率（%） |
|---|---|
| 弯腰铲、擦地板 | 3~5 |
| 直腰铲、擦地板、弯腰整理床 | 6~10 |
| 举重物 | 9 |
| 用重型工具手工工作 | 15~30 |
| 拖拉荷重 | 17~20 |
| 上、下楼梯 | 23 |
| 骑自行车 | 25 |
| 平地上走路 | 27 |

不同姿势的家务劳动所花费的能耗是不同的。弯腰洗地板比跪着洗地板的能耗多70%，能量消耗的大小决定了家务劳动的劳累程度，它与体力的支出成正比。一般情况下，每个人的效能是不同的，在最有利的条件下也只能达到总能耗的30%。常见的家务工作活动效率是很低的，弯腰整理床，只达到6%~10%，所以，能耗与人们的活动姿势也有一定的关系。

★ 小贴士

空间与尺度

住宅空间是为人所用的，是为适合人的行为和精神需求而建造的，因此在设计时应选择一个合理的比例和尺度，这里的"合理"指符合人们生理与心理两方面的需求。当我们观测一个物体或住宅空间大小时，往往运用周围已知要素的大小作为衡量标尺。

比例是指空间中几个要素之间的数学关系，是整体和局部间存在的关系；而尺度是指人与住宅空间的比例关系所产生的心理感受。因此有些住宅空间同时采用两种尺度：一个是以整个空间形式为尺度的；另一个以人体为尺度的，两种尺度各有侧重面，又有一定的联系。

## 二、住宅空间与环境功能

住宅空间环境与功能的设计核心是居住环境的舒适性，住宅内功能空间通常被划分为以下三类。

### 1. 家庭成员及客人公共活动的空间

如客厅、起居厅、餐厅等，其活动内容包括团聚、会客、视听、娱乐、就餐等行为。公共活动空间具有文化和社交内涵，反映了一个家庭生活形态，它面向社会，是外向开放的空间，按私密领域层次区分，它应布置在住宅的入口处，便于家人与外界人员的接触。

### 2. 家庭成员个人活动的空间

如卧室、学习工作室、厨房，活动内容为休息、睡眠、学习、业余爱好、烹饪等，个人活动空间具有较强的私密性，也是培育与发展个性的场所，是内向封闭的空间，它应布置在住宅的进深处，以保证家庭成员个人行为的私密性不受外界影响。

### 3. 家庭成员的生理卫生及备品储藏空间

如卫生间、库房、存衣间等。活动内容为淋浴、便溺、洗面、化妆、洗衣备品及衣物储存等，储物存放空间其私密性极强，是维护卫生，保持家庭整洁的必要空间，它应设在前两类空间之间。

### 4. 空间应按其特征和特定要求进行布置

在一套住宅面积不太大的情况下要有明确的功能分区会存在一定困难，但也有灵活变动的布置，如将厨卫集中靠近入口处，起居厅与主卧室，或主、次卧室设在朝向好的位置，但必须布置紧凑，用地节约。这样生活就有规律，相互不致干扰。

人们在生理上的需求得到满足以后，心理需求就变得越来越重要，如居住房间的领域感、安全感、私密感；居住环境的艺术性、人情味等。室外环境设计是提高居住环境质量的另一个重要方面，一个好的外部环境，首先要有一个好的总平面布局，在总图设计时尽量避免外部空间的呆板划一，努力创造一个活泼、生动有机的室外空间；其次是环境设计，多考虑一些人际关系、邻里交往的需要，设置必要的公共活动场所和交往空间。在绿化设计时，应根据树的不同科目，不同形状，不同色彩，不同的季节变化进行有效搭配，来增加绿化的层次感；用水面、绿地、铺地来划分地面，配置小品、雕塑，布置桌、椅，使绿地真正融入人们的生活。

★ 补充要点

常见住宅的居住行为模式与特征

（1）青年人。一人居住，讲求生活便利、简洁，移动性和变化性较大，需要一室一厅，对厨房和起居室要求不多，倾向于租房。

（2）家庭工作室。生活模式前卫，家庭式工作模式，都工作、交往和聚会要求较高，需要独立的工作室空间，对交往空间的需求大。

（3）自主创业。商业行为和居住结合，需要"上住下商"型的居住模式。

（4）丁克家庭。两个人生活，生活模式比较现代，对社会交往和聚会要求高，需要两室两厅。

（5）三口之家。传统家居模式，对居住环境要求高，需要三室一厅或者三室两厅，有儿童房、书房。

（6）几代共居型。有老人小孩一起住，传统家居模式，对居住环境要求高，需要三室或者更大。

## 第四节 人与家具的关系

### 一、人体尺寸与家具设计的关系

#### 1. 椅子

沙发、椅、凳类的家具，要符合人们端坐时的形态特征和生理要求。椅属支撑型家具，它的设计基准点是人坐着时的坐骨结节点。这是因为人在坐着时，肘的位置和眼的高度，都是以坐骨结节点为基准来确定的。

因此，可以根据这些基准点来确定椅子的前后、左右、上下几个方向的功能尺寸。对于椅子的设计，首先要考虑的是使人感到舒适，其次再考虑它的美观和实用。在椅子中，与舒适有关的几个因素是：坐面、靠背、脚踏板和扶手。

（1）坐面高度。是椅子设计中最基本、最重要的尺寸，主要与人的小腿长度有关。坐面过高，会使两脚悬空，下肢血液循环不畅；坐面过低，会使小腿肌肉紧张，造成麻木或肿胀。

因此，椅子的坐面高度应根据我国人体尺度的平均值来计算，并考虑到使小腿有一个活动余地，在大腿前部与坐面之间保证有10～20mm的空隙。一般来说，椅子的坐面高应以400mm为宜，高于或低于400mm，都会使人的腰部产生疲劳（图3-33）。

（2）靠背。椅子靠背的设计，主要有靠背高度、坐板与靠背的角度两个方面。合理的靠背高度能使人体保持平衡，并保持优美的坐姿。一般椅子的靠背高度宜在肩脚以下，这样既不影响人的上肢活动，又能使背部肌肉得到充分的休息。

当然，对于一些工作椅或者是供人休息的沙发，其椅背的高度是变化的，有的可能只达腰脊的上沿，有的可能达到人的头部或颈部。坐板与靠背的角度，也是视椅子的用途而定的，一般椅子的夹角为90°～95°，而供休息用的沙发夹角可达100°～115°，甚至更大。

**图3-33** 不同类型座椅

人体的不同坐姿与桌面的高度有关，在设计桌椅时要充分考虑到人体在坐着时的活动范围。

**图3-34** 书房家具

书房书桌在设计时要考虑到手肘与桌面的高差问题，过高或过低都不利于阅读写作。

**图3-35** 餐厅家具

餐厅中走动性较大，桌椅设计的宽度较大，更舒适。

图3-34 | 图3-35

**图3-36** 不同尺寸桌子

图中有4人桌～8人桌的桌面尺寸不等，设计师在设计时可根据业主家庭成员来设计餐厅空间。

**图3-37** 床与家具尺寸

小衣柜与床之间要留有间距，床的高度以人体坐下来的舒适度为准。

（3）脚踏板。椅子的设计还必须考虑脚的自由活动空间，因为脚的位置决定了小腿的位置，使小腿或者与上身平行，或者与大腿的夹角约为90°。因此，脚踏板的位置应摆在脚的前方或上方，方便脚的活动。

（4）扶手。扶手的位置，也比较有讲究。日本学者研究的资料表明，无论靠背的角度怎样，对于人体上身主轴来说，扶手倾角以90°为宜。至于扶手的左右角，则应前后平行或者前端稍有张开。

### 2. 桌子

桌子是介于人体家具与建筑家具之间的家具，故又称为"准人体家具"。因此，桌子设计的基准点可以是人体，即以坐骨结节点为基准，桌面高度应是坐面坐骨结节点到桌面的距离（即差尺）与坐面高度（即椅高）之和，也可以以住宅空间地面为基准点，它和人着地的脚跟有关，这时桌面的高度应是桌面到地面的距离（图3-34、图3-35）。

不管以什么作为设计基准点，都要使桌子有合乎人体尺度的高度、宽度、长度，还要有使两腿在桌面之下能自由活动的空间。

在上述尺寸中，差尺是桌子设计中最重要的尺寸，因为人一旦在坐骨结节点的位置确定之后，该点和肘的位置就决定了桌面的高度，过高会使人脊柱弯曲、耸肩、肌肉疲劳；过低，则会使人伏案写作，影响脊椎和视力。只有最佳的高度，才能使人的肩部放松，保持最佳视距（图3-36）。

### 3. 床

床属于支撑型家具，它以人体尺度为设计基准点（图3-37）。床的长度按

能满足较高的人为宜，一般在1900~2900mm。床的宽度以人仰卧时的尺寸为基础，再考虑人翻身的需要，一个健康的人睡一夜要翻身20~40次。若床过窄，不敢翻身，人就处于紧张状态。床的高度可按椅子的高度来确定，因为床既是睡具，也可当坐具（图3-38、图3-39）。

## 二、家具设计的基本要素

实用和美观是家具在空间设计中的重要原则，家具作为住宅空间的一项重要组成部分依然需要遵循这一规则。家具不只要好看就行，还要使用起来舒适方便。现代家具的设计特别强调与人体工程学相结合。人体工程学重视"以人为本"，讲求一切为人服务，强调人类的衣、食、住、行，从人的自身出发，在以人为主体的前提下考虑其他因素（图3-40、图3-41）。

人体工程学已广泛应用于现代的工业产品设计，在家具设计中的应用也日渐成熟。同时，把人的工作、学习、休息等生活行为分解成各种姿势模型，以此为研究家具设计，根据人的立位、坐位和卧位的基准点来规范家具的基本尺度及家具间的相互关系。

具体的说，在家具尺度的设计中，柜类、不带座椅的讲台及桌类的高度设计以人的立位基准点为准；坐位使用的家具，如写字台、餐桌、座椅等以坐位基准点为准；床、沙发床及榻等卧具以卧位基准点为准（图3-42、图3-43）。

如设计座椅高度时，就是以人的坐位(坐骨结节点)基准点为准进行测量和设计，高度常定在390~420mm，因为高度小于380mm，人的膝盖就会拱起引起不舒适的感觉，而且起立时显得困难；高度大于人体下肢长度500mm时，体压分散至大腿部分，使大腿内侧受压，下腿肿胀等。

另外，座面的宽度、深度、倾斜度、靠背弯曲度都无不充分考虑了人体的尺度及各部位的活动规律。在柜类家具的深度设计、写字台的高度及容腿空间、床垫的弹性设计等方面也无不以人为主体，从人的生理需要出发。

日常生活中，大家都会有这样的体会，比如我们用的餐桌较高，而餐椅不配套，就会令人产生够不着菜的感觉，不小心还会污染了衣服袖口。如果书桌过高，椅子过低，就会使人形成趴伏的姿势，无形中又缩短了视距，久而久之，就容易造成脊椎弯曲和眼睛近视。为此，使用的家具一定要有标准（图3-44）。

正确的桌椅高度应该能使人在正坐时保持两个基本垂直。一是当两脚平放地面时，大腿与小腿能够基本垂直。这时，座面前沿不能对大腿下增面形成压迫，否则就容易使人产生腿麻的感觉。二是当两臂自然下垂时，上臂与小臂基本垂直，这时桌面高度应该刚好与小臂下平面接触。这样就可以使人保持正确的坐姿和书写姿势。

## 三、橱柜与人体工程学

如今，在我们全新的厨房概念中，厨房不再仅仅是烧菜的地方，它还应该是娱乐、休闲、朋友聚会、沟通情感的家庭场所。一天工作归来，家人都会在这里进进出出，一边准备丰盛美味的晚餐，一边说说当天单位里、学校里的趣事。我们的"厨房新生活"传达了一个全新的生活概念。

因此，我们在选购橱柜时不仅要注意柜体面材的选择，在进行厨房设计时，还应该考虑合理的操作流程和人体工程学设计。合理的工作流程可以在厨房操作时，保持一份悠然自得的心态，舒适的人体工程学尺度能让人感受到人性化的温暖，操作起来也得心应手（图3-45）。人体工程学是一门充满人性化考虑的科学，也是最贴心、最舒适的科学。

图3-44 | 图3-45

**图3-44** 人体工程桌椅
利用人机工程学原理，让桌椅的使用方式尽量适应人体的自然形态，从而尽量减少使用桌椅造成的疲劳。

**图3-45** 利用人体工程学设计橱柜
橱柜是厨房空间的重要组成部分，橱柜的高度与宽度决定了使用者在烹饪时的疲劳感与舒适度，因此，设计师在进行厨房空间设计时，应根据家庭主要烹饪人员的身高体重、使用习惯进行设计，这样才能更好地使用厨房空间。

## 四、室内家具尺寸一览表

表3-5　　　　　　　　　　　　室内家具尺寸一览表

| 名称 | | 尺寸（mm） | 图例 |
|---|---|---|---|
| **住宅家具** | | | |
| 餐桌 | 圆桌直径 | 二人桌：500～800；四人桌：900；五人桌：1100；六人桌：1100～1250；八人桌：1300；十人桌：1500；十二人桌：1800 | |
| | 方桌尺寸 | 二人桌：700×850<br>四人桌：1350×850<br>八人桌：2250×850 | |
| 床 | 床体 | 单人床：900×2000、1200×2000<br>双人床：1500×2000、1800×2000 | |
| | 床头柜 | 高：500～700；宽：500～800 | |
| | 化妆台（长×宽×高） | 大号：400×1300×700<br>中号：400×1000×700<br>小号：400×800×700 | |
| 橱柜 | 衣柜 | 深度：500～650；高度：1800至顶部 | |
| | 地柜 | 高度：700～800<br>宽度：500～550 | |
| | 吊柜 | 高度：500～600<br>深度：300～450 | |
| **办公家具** | | | |
| 办公桌 | | 长：1200～1600；<br>宽：500～650；<br>高：700～800 | |
| 办公椅 | | 高400～450；长×宽：450×450 | |
| 书柜 | | 高：1800；宽：1200～1500；深：450～500 | |

★ 小贴士

设计师如何把握空间尺度感

（1）通过建模来揣摩空间尺度。为了精确美观，就需要设计师对着模型，琢磨光影，利用光线营造出诗意的、雕塑般的空间，推敲着设计尺度与建筑比例，设计出恰到好处的方案。

（2）科技手段VR/AR。目前要实现在方案中直接进行VR设计还有一定的难度，但是在设计推敲阶段，将我们的模型放入VR体验的技术已经很成熟了。目前有一款免费的Sketchup插件，使设计师能够真正沉浸在三维空间中，身临其境地体验设计的空间效果，有效地辅助设计师推敲空间尺度的合理性。

# 第五节　案例分析：住宅空间设计

## 一、小户型住宅空间

这是一套内部面积为25m²左右的标准一居室户型。包含有客餐厅、厨房、卫生间、卧室各一间，并一处过道。房型方正，是典型的一室一厅，卧室兼具客厅功能，整体采光量较小。在设计中要求扩大采光，增强室内流畅感（图3-46~图3-51）。

**图3-46** 厨房尺度设计

为了最大限度地利用空间，洗衣机、冰箱等家电可以纳入厨房台面下。厨房色调以白色为主，以此提亮空间色调。

**图3-47** 餐厅尺寸设计

小面积的餐厅选择长条形的餐桌会比较实用，窗户旁的飘窗可作为餐桌椅使用，同时餐桌上的桌布以及装饰花卉都能为空间增色不少。

**图3-48** 空间色彩设计

小面积客厅可以在色彩上丰富空间，同时储物柜的高度不宜过高，否则会产生压抑感，同时也会使空间更显拥挤。

**图3-49** 电视背景墙设计

合理利用空间，没有设计复杂的电视背景墙，简洁的收纳柜与书架设计，让整面墙的设计整齐又不失各自的风格。

**图3-50** 飘窗设计

飘窗是平时休闲娱乐的地方，也可以当做聚餐时的椅子，功能多样化。

**图3-51** 卫浴空间尺度设计

卫生间面积较小，在卫生间包管处可以设置小型的储物架，白色的墙面瓷砖搭配地面彩色的马赛克瓷砖，整个卫生间不再显得单调，丰富的色彩为其增加了更多的灵动性。

| 图3-46 | 图3-47 |
|--------|--------|
| 图3-48 | 图3-49 |
| 图3-50 | 图3-51 |

★ 小贴士

一居室装修设计细节

一室户装修设计需要十分讲究，如果空间利用不太合理，会让原本狭小的空间变得更小，降低生活居住品质。其实只要设计得当，一室户型空间也可以和大空间一样，让人居住起来非常舒适，其中只需要注意整体格局的布置以及家具的选用和摆放。可以选用嵌入式的家具，例如衣柜、电视柜等，有效地节约空间，同时让整体格局看起来更加美观大气。

在硬装上不需要特别设计，墙面可以直接涂刷白色乳胶漆，让空间变得更宽。同时家具外观线条应避免繁复，其中使用横条纹设计有利于整体空间的延伸，镜面元素的适当装饰，让家居空间更加光亮，空间视觉效果更佳。

## 二、中户型住宅空间

这是一套内部面积在72m²左右的三室两厅一厨一卫的户型，包含有客餐厅、厨房、卫生间、书房各一间，卧室两间，一处过道，一处阳台。这套房型属于比较规整，常用的厨房和卫生间的面积都比较适中，各个空间造型方正。设计中要求完善室内布局，打造良好的空间尺度感（图3-52～图3-57）。

**图3-52** 空间设计

在书房外侧墙体处新建一段长为620mm、宽为105mm的墙体，使之与书房形成一个内凹空间，此处可设置储物柜。拆除书房窗户两边的墙体，安装落地玻璃窗，增强书房采光和通风，同时也能为客餐厅提供少许的采光量。

**图3-53** 一体式客餐厅设计

纵向延伸的客餐厅结合顶面装饰造型来体现空间的层次感，不同规格的灯具形成的不同形式的光影。

**图3-54** 客厅空间尺度设计

客厅采用一字型沙发加一个单体沙发设计，显得整个空间动线呈横向布局，视线清晰。

**图3-55** 主卧设计

卧室内要营造一种低调奢华的美感，但要注意吊灯不宜安装得过低，容易产生压抑感，影响居住者情绪。

**图3-56** 次卧设计

由于次卧空间充足，每个房间都配备了电视柜，既能摆放工艺品，也可收藏储物，一举两得的设计。

| 图3-52 | |
|---|---|
| 图3-53 | 图3-54 |
| 图3-55 | 图3-56 |

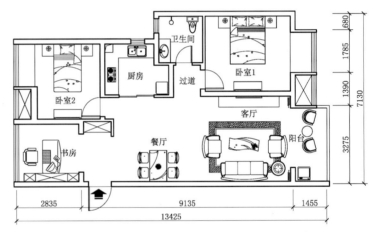

**图3-57** 开放式书房设计

书房与客餐厅打通后，视野更为开
阔。靠墙的展示柜别致精巧，填补了
入户门厅的空白。

## 本章小结

　　人体工程学在室内设计中起到了不可缺少的作用，现代的室内设计日益注重"以人为本"
的原则，注重人与人、人与社会相协调，也就是当前所强调的人性化设计。从人体工程学键
盘、鼠标，到人体工程学桌椅，到更完善的无障碍设计，无一不是将"以人为本"放在根本位
置，将人体工程学应用到每一个设计环节，运用人体计测、生理、心理计测等方式方法，研究
人体的结构功能、心理、力学等方面与室内环境中的视觉环境物理环境、生理环境以及心理环
境的合理协调关系，在研究和设计中给予高度重视，并开始运用到设计实践中去，以适合人的
身心活动要求，获得最佳的使用效能，以达到安全、健康、高效能和舒适的目标。

# 第四章

# 人与商业

学习难度：★★★★★

重点概念：设计、经营、空间

章节导读：从古至今，商业行为与商业环境密不可分，从远古时期的以物换物，到现在的以钱换物，现代的货物存放在商场、超市等地，这样的情况说明了商业行为对商业环境的影响。现代商业空间的展示手法各种各样，展示形式也没有定向化，动态展示是现代展示中备受青睐的展示形式，它有别于陈旧的静态展示，采用活动式、操作式、互动式等，观众不但可以触摸展品、操作展品，制作标本和模型更重要的是可以与展品互动，让观众更加直接地了解产品的功能和特点，由静态陈列到动态展示，能调动参观者的积极参与意识，使展示活动更丰富多彩，取得好的效果。商业行为表现在消费者的购物行为和销售人员的商品销售上，这两种不同的商业行为，对商业环境提出了不同的要求。商业设计中融入人体工程学的知识，根据人体的行为和心理表现等来进行商业设计，协调消费者和销售人员、购物和销售商品之间的关系。

## 第一节　商业与设计

商业行为是关乎个人与组织内在价值的，可以指导企业在法律规范缺失时的决策。在现代社会，技术进步与全球化带来经济快速发展的同时，也使得法律相对于一些新兴事物具有滞后性。商业行为不仅仅是要避免出错减少损失，它还对管理者的任务具有导向性。合法是必要的但仅仅合法是不够的。商业行为还包括符合组织的发展战略，对商业行为方式与目的都有要求。商业空间是指人们日常购物活动所提供的各种空间与场所，使人们在这些空间中完成商业的购销活动，其设计符合人体工程学是满足人类消费心理的首要条件。

### 一、消费者的消费心理

人的消费行为受消费心理的影响，消费是人的生理需要和心理需要双重因素共同作用的结果。通常生理需要是人的基本需要，对人的行为有着强烈的支配性，当基本需要得到满足之后，则开始转向更高层次的心理需要。就目前市场情况而言，消费者不但想得到所需的商品，而且更希望挑选自己满意的商品，还要求购物过程的舒适感，去自己喜欢的商店里购物。

当消费者需要某件商品的时候就会产生消费行为，这是不可避免的客观需求，但是一个商店的环境对消费行为的影响是很大的。消费者在购买商品的过程中，会因购买现场的环境而改变内心想法，当商场内部构造合理，温度适中时，消费者的心情就会变得愉快，从而会令消费者产生冲动消费的行为；假如消费者进入一个结构复杂、装潢沉重的商店，消费者内心就会感到压抑，可能都不会进去。所以，商店环境影响着消费者的消费心理，从而影响消费者的消费行为。由于不同消费者的需求目标、需求标准、购物心理等不同，购买行为也就不同，但"物美价廉"的消费心理是相同的。

对于大多数消费者而言，只要商品价位相同，其购物表现都是就近购买，即使价格会贵一点也无妨，在商品社会的今天，很多消费者都会节约时间，很多商品经营者也懂得这个道理，将商店开在便民利民的地方。环境的便捷性不仅表现的商店位置的选择上，也表现在商店内部，商品选购便捷问题上，当消费者进入商店找不到自己所需的商品，或者选择不方便，消费者会一走而过，或干脆不买。店主应该把大家常用的商品，或急于要推销的商品陈列在消费者进出的便捷处。消费者为了追求物美价廉的商品，通常是货比三家，消费者通过多处观察、多处比较才会进行消费行为。消费者其实都有从众心理，我们可以常在大街上看到，商店内人少的店铺是很少有人跟着进去的，反之，则有很多人挤在一个店铺中。购物环境的选择性要求也反映在店铺内，如果将不同品牌的商品放在一个地方销售，这样既方便消费者选购，也能给店主带来更多收益。

### 二、消费者的商业行为

随着经济和生活环境水平的提升以及休闲时间的增加，逛街、购物已逐渐被人们视为生活中不可缺少的内容，它可以是人文活动，也可以是商业活动，更可以被视为一种艺术与教育活动。在城市商业街中，人们大部分是享受着逛的乐趣，购买商品的目的性很弱，主要是在逛街的过程中让身心得到放松，逛街并不等于购物，逛街是一种放松的方式，也是交流信息的一种方式。在人的印象中，商业街是公共空间，但是越来越强调商业活动的街道，越来越多大型购物综合体的建立，让商业街的公共性渐渐瓦解，人们渐渐地失去了购物的乐趣。

## 1. 消费者商业行为分析

消费者购物行为的心理过程，是设计者和经营者要了解的基本内容。消费者购物行为的心理过程可分为六个阶段，即外界刺激物→认识阶段→知识阶段→评定阶段→信任阶段→行动阶段→体验阶段；三个过程，即认知过程→情绪过程→意志过程。

设计者可以在消费者认知、情绪、意志三个心理活动的过程中，从室内环境设计的整体构造到装饰设计的细部处理手法，激发消费者的购物欲望并使之实现。消费者有的是有明确的购物目的、明确的商店目标，也有的是无目的的逛街，然后是寻找或者随机获得信息，于是有可能被商品吸引而产生兴趣，进行审视和挑选，最终消费者产生购物行为和未购物行为。

不同消费者消费行为不同，青年人在商业空间中的活动和参与要求丰富而强烈，希望得到更多的交往和娱乐。从年龄上来说，中年人则坚持实用性原则，对娱乐活动不热衷，老年人主要休息、交往为主，偶尔有少量的购物行为；从性别上来说，女性的计划性较差，在商业活动中习惯结伴而行，而男性目的性较强，决策能力通常强于女性；从地域上来说，居住在商业设施附近的人，通常光顾时间较短，随着居住地点与商业设施距离的加大，人们光顾该设施的周期会延长，目的性也增强。郊区和农村居民进入市区商业设施购物，闲逛的时间较长，外地人则是品尝当地的特产、风味小吃，感受风土人情。

## 2. 消费行为对商业空间的要求

不同的消费者由于自身的购买心理，对商品的评价、对购物环境的感受不同，对于商业空间的要求也就不同，要求一般可以分为以下几点。

（1）便捷。便捷主要关系到商业空间的选址问题，意味着消费者可以方便、快捷到达消费目的地，省事省力省心，在生活方式快节奏的今天，人们都会选择离自己近的商店。在购物环境周围应该有车辆停放的位置。另外，商业空间的便捷性还表现在商店内部，将消费者自己经常会用到的东西放在显眼的位置，方便消费者选购，这样不仅方便了消费者，也能引起消费者对商店的好感，增加回头客（图4-1）。

（2）商业聚集地。消费者为了买一件自己需要的东西，通常会货比三家，那么他们希望一个地方有多家商店聚集在一起，方便自己选择，或者希望一个商店内东西种类繁多，方便比较。在商业中心区，多种商业类型的聚集是吸引消费者的重要因素（图4-2）。

（3）可识别性。在同一个地方，同类型的商店很多，一个商店想要吸引消费者的注意，必须让自己的商店具有可识别性（图4-3）。

图4-1 ｜ 图4-2

**图4-1** 便捷的商店
商业地段的选择非常重要，商店应该设在人流密集、交通便捷的地方。

**图4-2** 商业聚集地
一个地方聚集的商店越多，商业气氛往往越浓厚，能聚集更旺的商业人，吸引更多的消费者的到来。

**图4-3** 可识别的商店

商业建筑的形式与空间、标识与门面、细节设置等，都可以构成商业空间的可识别性特征，一个商店具有与众不同的风格，更能让消费者记住

**图4-4** 舒适的环境设计

合适的温度、新鲜的空气、足够的休息场地是人在购物环境中生理舒适的保证。

图4-3 ┃ 图4-4

（4）可信度。经营不同商品的商业空间，具有不同的商业气氛。当商店具有井然有序的空间布置、真诚亲切的服务态度、舒适美观的空间环境时，消费者对商店的信赖程度机会提升，一个商店的商业建筑设计合理，让消费者在店内选购商品时不用担心安全问题，这些都可以增加商店的可信度。

（5）舒适性。商业空间的舒适与否，直接影响到消费者的心情，提高购物环境的舒适度，能提高消费者前来的次数和逗留的时间，达到集聚此地与提高销售的目的。除此之外，人流密度也是影响消费者购物行为的重要因素，当人员密度过高时，人们就会感到干扰、拥挤和混乱；但人的密度过低，消费者又会感到人气不行。所以，商店内部应该构造合理，设计人性化，让消费者能自由自在购物环境中选购（图4-4）。

## 三、商业空间设计基础

商业设计是面对大众的，商业设计注重的是商品，环境艺术设计注重的是设计者本身，即是客观和主观的比重问题。商业设计要与环境设计结合起来，设计的行为受文化约束，首先就是要了解社会文化背景，包括适用人群、人文风俗、色彩偏好、功能需求等，有了这些信息，设计才能够进行下去，与消费者的倾向点对应的，常常是"商业性设计的核心"。

商业设计指具有社会实用意义、反映生活应用目的的一种文化，可以通过其创造商业价值，为美术作品加以一个经济价值的量，并可以通过其经济方面给产品或美术本身定义价值。所有与商业有关的设计行为都可以称之为商业设计，商业设计文化为商品终端消费者服务，在满足人的消费需求的同时又规定并改变人的消费行为和商品的销售模式，并以此为企业、品牌创造商业价值的称为商业设计。

商业设计主要包括商品包装和装潢设计、商标、广告、橱窗陈列以及有关宣传品的设计制作等。包装和装潢设计:商品品种众多，包装应根据商品的用途、性能等进行，要做到既保护商品，又要包装简便，易于回收，有利于环境清洁；装潢设计是在商品外包装上加以文字、图像等装饰，以达到保护、美化和宣传商品的目的。

### 1. 商标

用简洁的文字或兼用文字和图像，表明生产或销售商品的工厂、企业的一种符号图案，它既能区别不同商品的特点和质量，也能起到良好的宣传效果。

**图4-5** 广告

广告具有广而告之的特点，是商品与消费者之间的沟通桥梁，大部分商品在面世前，都会提前开启广告宣传。

**图4-6** 橱窗陈列

橱窗陈列的形式除了介绍某一商品外，还有专题、系列、季节、节日等形式，可以突出店内商品特征。

**2. 广告**

以艺术的形式介绍商品，沟通生产企业、商业和消费者之间的联系，使消费者了解商品的用途、特色和质量，从而达到推销商品的目的（图4-5）。

**3. 橱窗陈列**

在商店橱窗内以艺术的形式陈列商品，介绍商品的性能、特点和用途，以便引起消费者购买商品的兴趣（图4-6）。

# 第二节　商业经营环境

商业环境是进行商品流通的公共空间场所，其构成主要是人、物、空间。商业经营环境受很多因素的影响，在影响商业变化发展的众多因素里，环境因素是外生的。

## 一、商场环境设计

商场的环境设计是一种生态系统，要营造一个现代的、时尚的、具有一定品牌号召力的购物商场，在公共空间设计上必须能够准确的表达卖场的商业定位和消费心理导向。对商业建筑的内外要进行统一的设计处理，使其设计风格具有统一的概念和主题，商场展示拥有了明确的主题，所收到的传播效果及吸引力会大大增强。

在商业资源的吸纳、定位、重置、重组的过程中，贯穿全新的设计概念，建造一个时尚魅力的卖场空间，这就需要设计师和企业决策者作相应的沟通交流，使企业上下设计思想达到一致，让新的设计理念得到彻底的贯彻落实。

在商业卖场室内设计与规划中，首要解决的命题就是建筑自身的结构特点与商业经营者要求的利用率进行动线设计整合，以满足商业定位的要求。对宽度、深度、曲直度的适应性推敲。给进入商场的消费者舒适的行走路线，有效的接受卖场的商业文化，消除购物产生的疲劳，自觉地调节消费者的购物密度，是动线规划设计功能的重要体现（图4-7）。

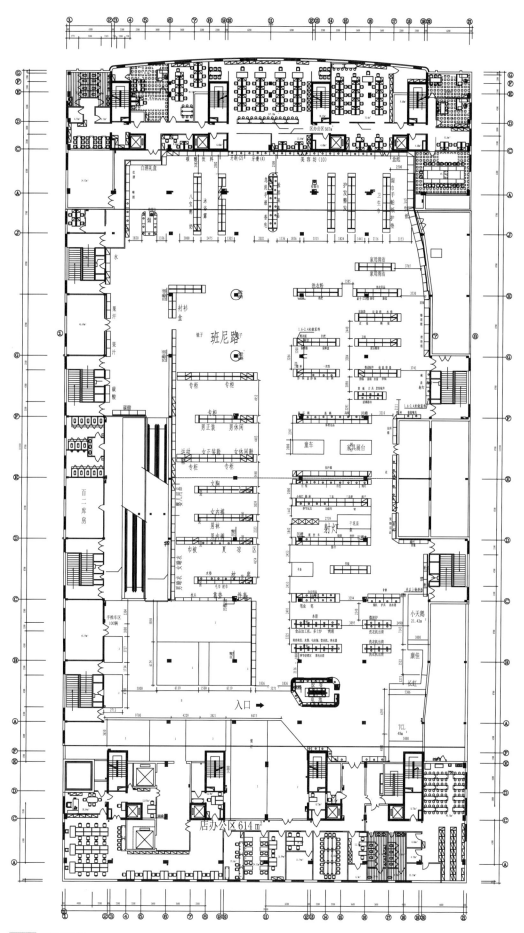

**图4-7** 商场平面图

**图4-8** 商场环境

充分考虑员工人流、客流、物流的分流，考虑到人流能到达每一个专柜，杜绝经营死角。

**图4-9** 商场环境

对VIP客户，设置了贵宾厅，其中还应考虑洽谈、会客、休息、茶水、手机加油站等功能。

**图4-10** 商场环境

商场的整体设计风格应保持一致，在视觉上形成良好的统一感，店铺内风格则没有任何要求。

**图4-11** 天花板设计

商场地面的设计应在动线设计的基础上，适应品牌环境的特点。

| 图4-8 | 图4-9 |
|---|---|
| 图4-10 | 图4-11 |

商场的布局取向在卖场空间在大环境内，承载着实现多种经营主体之间，相互促进、相互配合与衔接的作用，让消费者在科学的格局中采集到大量的来自不同品牌背景的文化信息。设置员工休息间，休息间内设置开水炉、休息座、碗杯柜，在各楼层设置员工用饮水机、IP电话，只有让员工满意了，才能更好地为消费者服务。在每一层设置休息座；在每层卫生间设置残卫；设置母婴室，以便母亲为婴儿更换尿布；为男士专门设置吸烟区；为方便消费者，设置成衣修改，皮具保养、礼品包装，母婴乐园，维修服务处等（图4-8～图4-10）。

商场室内天花营造设计，力求简洁大气，不宜过分复杂，能烘托照明的艺术效果，注重实际功效。选取适合的贴面材质，清晰的表达出动线区域的分割引导功能，在主题区域承担着氛围营造的基础作用（图4-11）。

共享空间设计涵盖了商业空间的柱面、墙面、中庭、休闲区、促销区等诸多方面，还应同时顾及今后的实际功能使用和商业主题文化的宣传与推广，这是商场设计中的一个重要环节，它的设计是延续务实与时尚引导的产物，对商场企业文化的建筑与推广具有十分重要的现实意义。

商场是商业活动的主要集中场所，从一个侧面反映一个国家，一个城市的物质经济状况和生活风貌，今天的商场功能正向多元化，多层次方向发展，并形成新的消费。商场除了商品本身的诱导外，销售环境的视觉诱导也非常重要。从商业广告、橱窗展示、商品陈列到空间的整体构思，风格塑造等都要着眼于激发消费者购买的欲望，要让消费者在一个环境优雅的商场里，情绪舒畅，轻松愉快，以得到消费者的认同心理和消费冲动。

## 二、商场视觉空间

商场视觉空间的流程可分为商品促销区、展示区、销售区（含多种销售形式）、休息区、餐饮区、娱乐区等（图4-12、图4-13），由于该类空间基本属于短暂停留场所，其视觉流程的设计因趋向于导向型和流畅型。欣赏或采购商品都具有一定时间性，消费者的行动路线和消费行为均受到内部诸因素的影响，其局部区域的逗留时间都不会太长，这就要求视觉空间流程上予以消费者最快的导向性信息和提示。与商品销售配套的休息区、饮食区，可以在视觉流程的设定上平和舒缓一些，以减少商品的信息刺激量，给消费者较充分的时间调整身心的疲劳，以增加消费者在商场内的停留时间。

人们在进入现代商场环境的时候，存在两种基本购物行为：目的性购物和非目的性购物。目的性购物者都希望以最快的方式、最便捷的途径到达购物地点完成购物，对此类消费者，在组织商业空间时，在视觉设计上，应具有非常明确的导向性，以缩短购物的距离。同时导向型视觉空间，可以诱发非目的性购物者产生临时的购物冲动，完善的导向系统可以帮助无目的闲逛的购物者作出临时购物决策。

购物场所的光线可以引导消费者进入商场，使购物环境形成明亮愉快的气氛，可以衬托出商品光彩夺目、五光十色，引起消费者的购买欲望。应以分为基本照明、特殊照明和装饰照明。首层基础照明为1000~1200lux，其他楼层基础照明为700~800lux。在保证整体照明度情况下，尽可能考虑重点照明及二次照明。在色温上，除黄金珠宝及食品考虑暖光，电器考虑冷光，其余基本考虑使用中性色温（图4-14~图4-17）。

**图4-12** 促销品

商场的促销品一般放置在矩形的促销台上，在商场空间中消费者能够快速识别。

**图4-13** 休息区

休息区一般设计在商场的中庭，靠近扶梯、电梯等消费者容易找到的位置。

**图4-14** 餐饮区

餐饮区一般位于商场的顶楼，或者连着的几层楼，当消费者逛累了之后，可以直接上去就餐，十分便利。

**图4-15** 照明对商场环境的影响

低明度的照明方式，让整个商场空间显得阴暗、低沉，这种情况下消费者会不自觉远离这个空间。

**图4-16** 浅淡的灯光

浅色的光源给人柔和的感觉，当进入到这一空间时，脚步会不由自主地变缓慢。

**图4-17** 照明对环境的影响

亮度较高的空间，商品的好坏全部呈现在消费者的眼前，易于识别，亮度较低的空间，不利于仔细观察商品特征。

图4-12 | 图4-13
图4-14 | 图4-15
图4-16 | 图4-17

### 三、色彩应用

商业空间的环境设计会对人们的行为产生各种影响，商业空间设计中色彩的功能也体现出来。只有综合运用各学科领域交错发展、相互融合形成的现代化观点来分析、判断、决策，才能设计出真正为买、卖双方欢迎的商业空间。

在商业环境中，运用色彩和简化图形的手段是突出商业形象内涵的有效手段。除了色彩之外，空间的结构变化与层次变化能形成商品信息的归纳和分类，因此，运用空间结构语言是对层叠释放的商品信息进行分类和引导的最佳手段。在商业环境的空间转化中，不同的材质肌理在不同的光线中的变化中，细微演绎着不同的商品内涵，也体现了不同的购物需求，是商品信息的具体化表现（图4-18、图4-19）。

不同的色彩及其色调组合会使人们产生不同的心理感受，商场的色彩设计不仅可以刺激消费者的购买欲望，而且对于商场环境布局和形象塑造影响很大，可以使营业场所色调达到优美、和谐的视觉效果。商场各个部位如地面、天花、墙壁、柱面、货架、楼梯、窗户、门等，以及导购员的服装设计出相应的色调，整体以浅色系为主，局部点缀亮丽色彩，来渲染商业气氛及休闲氛围，融入万千百货主题色和企业识别系统，烘托连锁百货的文化和特色，色彩运用要在统一中求变化，变化中求统一。

在色彩选择中，每一种色彩都使人产生一定的心理感觉，从而产生联想，树立商场形象。一般而言，黄色、橙色能使人产生食欲，作为食品商场标准色效果较好；绿色适用于蔬菜、水果类商品经营；紫色、黑色突出贵重高档的形象。对于儿童用品经营来说橙色、粉色、蓝色、红色为主色调，能特别引起儿童的注意和兴趣。

## 第三节　商业空间特点

商业空间相对于办公、餐饮、居住、交通等人类活动的其他性能的空间来说，它具有独特的内涵。它是商品提供者和消费者之间的桥梁和纽带，商业空间的发展模式和功能目前正不断向多元化、多层次方向发展。一方面，购物形态更加多样，如商业街、百货店、大型商场、专卖店、超级市场等；另一方面，购物内涵更加丰富，餐饮、影剧、画廊、夜总会等功能设施的结合，体现出休闲性、文化性。

### 一、商业空间形式

商业空间设计主要是由人、物和空间3个基本要素构成，人与空间的关系是相互作用的。空间的划分是室内空间设计的重要内容，分隔的形式决定了空间之间的关系，分隔的方法是在满足不同功能要求的基础上，创造出舒适合理的室内环境，合理化的空间布局可以有利于疏通人流、活跃空间、提高消费能力（图4-20、图4-21）。目前，商业建筑内部环境从空间界面形态上大致可分为封闭性空间、半封闭性空间、意象性空间这三种形式。

#### 1. 封闭性空间

封闭性空间是指以实体界面的围合限定度高的空间分隔，对空间进行隔离视线、声音等。它的特点是分隔出的空间界限非常明确，相对比较安静，私密性较强。比较适用于商场办公空间、酒楼雅间及KTV包间等空间的设计（图4-22）。

#### 2. 半封闭性空间

半封闭性空间是指以围合程度限定度低的局部界面的空间分隔，这类空间组织形式在交通和视觉上有一定的流动性，其分隔出的空间界限不太明确。分隔界面的方式主要以较高的家具，一定高度的隔墙、屏风等组成（图4-23）。

#### 3. 意象性空间

意象性空间主要是一种限定度较低的分隔方式，它是指运用非实体界面分隔的空间。空间界面比较模糊，通过人的视觉和心理感受来想象和感知，侧重于一种虚拟空间的心理效应。它的界面主要是通过栏杆、花纹图饰、玻璃等通透的隔断，或者由绿植、水体、色彩、材质、光线、高差、悬垂物等因素组成，形成意象性空间分隔。在空间划分上形成隔而不断，通透性好，流动性强，层次丰富的分割效果。在传统室内设计中，此种分割方法也称为"虚隔"。

**图4-20** 商场整体形象

商场空间提供了人的活动场所，根据人对空间不同的需求，从而产生多元化的空间形式。

**图4-21** 商品分类与分区

按照商品种类进行分区，在视觉上具有整齐感，有利于消费者自主购物，找到心仪产品。

**图4-22** 酒楼雅间

由于这种空间组组织形式主要由承重墙、轻体隔墙等组成，还具有抗干扰、安静和让人感到舒适的功能。

**图4-23** 店面隔断柜

这种分隔形式具有一定的灵活性，既满足功能的需求，又能使空间的层次、形式的变化产生比较好的视觉效果。

| 图4-20 | 图4-21 |
|--------|--------|
| 图4-22 | 图4-23 |

## 二、商业空间组织功能

### 1. 商品的分类与分区

商品的分类与分区是空间设计的基础，在一个零乱的空间中，消费者会因陈列过多或分区混乱而感到疲劳，造成购买的可能性降低。一个大型商店可按商品种类进行分区，一个百货店可将营业区分成化妆品、服装、体育用品、文具等（图4-24、图4-25）。

★ 小贴士

购物流线的组织

商业空间的组织是依据消费者购买的行为规律和程序为基础展开的，即：吸引→进店→浏览→购物（或休闲、餐饮）→浏览→出店。消费者购物的逻辑过程直接影响空间的整个流线构成关系，而动线的设计又直接反馈于消费者购物行为和消费关系。为了更好地规范消费者的购物行为和消费关系，从动线的进程、停留、曲直、转折、主次等设置视觉引导的功能与形象符号，以此限定空间的展示和营销关系，也是促成商场基本功能得以实现的基础。空间中的流线组织和视觉引导是通过柜架陈列、橱窗、展示台的划分来设计，天花、地面、墙壁等界面的形状、材质、色彩处理与配置以及绿化、照明、标志等要素来诱导消费者的视线，使之自然注视商品及展示信息，激发消费者的购物意愿。

### 2. 柜架布置基本形式

柜架布置是商场室内空间组织的主要手段之一，主要有以下几种形式。

（1）顺墙式（图4-26）。柜台、货架及设备顺墙排列。此方式售货柜台较长，有利于减少售货员，节省人力。

（2）岛屿式（图4-27）。营业空间岛屿分布，中央设货架(正方形、长方形、圆形、三角形)，柜台周边长、商品多，便于消费者观赏、选购商品。

**图4-24** 商品放置空间

合理化的布局与搭配可以更好地组织人流，活跃整个空间，增加各种商品售出的可能性。

**图4-25** 商品分类放置

按照不同功能将商场室内分成不同的区域，可以避免零乱的感觉，增强空间的条理性。

**图4-26** 顺墙式

顺墙式一般采取贴墙布置和离墙布置，后者可以利用空隙设置散包商品。

**图4-27** 岛屿式

岛屿式的货架设置在中间，货架围合成正方形、长方形、圆形、三角形等形状。

图4-24 ｜ 图4-25
图4-26 ｜ 图4-27

74 ｜ 人体工程学

**图4-28** 斜角式

斜角式造成更好深远的视觉效果，既有变化又有明显的规律性。

**图4-29** 自由式

自由式的柜台、货架随人流走向和人流密度的变化而变化，灵活布置，使厅内气氛活泼轻松。

**图4-30** 隔绝式

消费者只能通过营业员来拿取商品，自己无法拿到，这种属于传统的商业模式。

**图4-31** 开敞式

商品展放在售货现场的柜架上，允许消费者直接挑选商品。

**图4-32** 大洋百货商场

百货商场的面积一般小于购物中心，而在一些地价高的片区，两者的占地面积也可能相当。

**图4-33** 百货商场内部空间

百货商场内部的专卖店大多是开敞式布局，不需要设置闭合的墙壁或门。

| 图4-28 | 图4-29 |
|--------|--------|
| 图4-30 | 图4-31 |
| 图4-32 | 图4-33 |

（3）斜角式（图4-28）。柜台、货架及设备与营业厅柱网成斜角布置，多采用45°斜向布置。能使室内视距拉长。

（4）自由式（图4-29）。将大厅巧妙的分隔成若干个既联系方便，又相对独立的经营部，并用轻质隔断自由的分隔成不同功能、不同大小、不同形状的空间，使空间既有变化又不起杂乱。

（5）隔绝式（图4-30）。用柜台将消费者与营业员隔开的方式，商品需通过营业员转交给消费者。此为传统式，便于营业员对商品的管理，但不利于消费者挑选商品。

（6）开敞式（图4-31）。营业员的工作场地与消费者活动场地完全交织在一起，能迎合消费者的自主选择心理，造就服务意识，是今后商业柜架布置的首选。

### 三、百货商场与购物中心

百货商场与购物中心在业态上的不同（图4-32～图4-35），导致消费者在购物时体验时也会不同。购物中心更加注重购物体验和商场主题，面积通常要比百货商场大，一般百货商场的面积从几千平米到上万平米，很少有百货公司的经营面积可以超越10万㎡；可对购物中心而言，5万㎡以内的购物中心只能被称作社区购物中心，面积在10万㎡以内的购物中心可被称为市区购物中心，城郊购物中心面积在10万㎡以上。

所以,除了从名字判断商场的业态外,也可以从面积的大小上来判断,而面积的大小是带来不同购物体验的直接原因。但是仅仅从面积上判断两者也是不够的,因为毕竟也有小于5万㎡的购物中心。百货商场和购物中心还有很多的不同,比如,在购物中心中,一般购物、餐饮、娱乐的比例会达到50:32:18,或者娱乐比重更高,而百货商场只有商品消费,极少有什么体验式服务项目。

百货商场主要是通过专柜销售收入分成的方式(一般提取10%~40%)获利,百货公司统一收银掌握每个专柜的销售额后,每月根据它们的提成比例进行结算,将扣除提成后的销售资金再返回给各专柜的供应商(图4-36)。购物中心则主要通过分租物业的租金收入获利,但购物中心也逐步向提成的方向发展,租金+提成的方式正在被使用(图4-37)。

在促销形式上,百货商场更多的是通过打折或返券来带动销量,购物中心更注重的是在商场内举办一些活动聚集人气,但这些区别正在逐渐缩小。百货商场一层陈列的大都是需求弹性大、利润高的化妆品,它们有能力、也愿意为这个黄金位置支付商场最高的租金,加上化妆品都包装精美、摆放整齐、形象好,无形中提高了商场的档次。

## 第四节 案例分析:宜家购物商场

宜家(IKEA)是一间跨国性的私有居家用品零售企业。在全球多个国家拥有分店,贩售平整式包装的家具、配件、浴室和厨房用品等商品。开创以平实价格销售自行组装家具的先锋,目前是全世界最大的家具零售企业。

秉承"为尽可能多的顾客提供他们能够负担,设计精良,功能齐全,价格低廉的家居用品"的经营宗旨。在提供种类繁多,美观实用,老百姓买得起的家居用品的同时,努力创造以客户和社会利益为中心的经营方式,致力于环保及社会责任问题(图4-38~图4-41)。

宜家购物商场是一个开放式购物中心，消费者从入口进去后，需从收银台出来，所有的商品需在收银台付款。但有一处例外，宜家餐厅有独立的收银系统，消费者在此直接付款消费，也是为了就餐的便利性（图4-42～图4-45）。

**图4-38** 商品分类放置

将同系列的杯子按颜色来放置，形成统一而又富有变化的视觉感，给予消费者购买欲望。

**图4-39** 商品分类放置

厨房用品的另一侧为餐具，按照餐具的大小与款式来分类放置，易于消费者拿取与选择。

**图4-40** 花卉植物

在这一空间中，左侧为植物花卉，大多为仿真花卉，颜色亮丽、色彩清晰，仿真花具有良好的装饰效果。

**图4-41** 盆栽器具

花卉须有器具来搭配，右侧为盆栽器具区，按照颜色对器具进行了分类，消费者可以直接拿着仿真花来对比挑选器具，十分方便。

**图4-42** 收银台

宜家商场里的产品需要在出口处的收银台付款，也是整个商场里的总收银台，还贴心地为消费者准备了环保购物袋。

**图4-43** 餐厅

餐厅里有咖啡、饮料、简餐等，消费者在商场里就可以解决吃饭问题，吃完后还可以接着逛商场，较为方便，唯一不足的是餐厅种类不多。

**图4-44** 自由式货架布置

货架有靠墙、靠柱体来布置，也有直接布置在一侧的，或者悬挂在墙柱上的商品，布置方式十分自由，没有拘束。

**图4-45** 顺墙式货架布置

一般为贴墙或靠墙设置，用货架来分隔走道，消费者可以按照特定规划的走道来挑选商品。

| 图4-38 | 图4-39 |
|--------|--------|
| 图4-40 | 图4-41 |
| 图4-42 | 图4-43 |
| 图4-44 | 图4-45 |

**图4-46** 厨房商品

宜家家居网上样板间里的商品都是可以买卖的商品，消费者可以直接将样板间的商品全部买回家，十分省心省事。

**图4-47** 起居室商品

一般情况下，附有价格的商品为该空间的主打商品，一些配饰在详情页有购买链接。

**图4-48** 卧室商品

卧室用品一般包含床体、床品、衣柜、灯具、窗帘布艺、全身镜、休闲椅等，都可以按照喜好来搭配。

**图4-49** 餐厅商品

宜家的商品一般以单品或套装出售，如果只标注了桌子的价格，那么座椅需要单独收费，购买时需要看清商品属性。

| 图4-46 | 图4-47 |
|--------|--------|
| 图4-48 | 图4-49 |

　　宜家家居拥有独立的网上商城，用户可以直接在网上下单商品，宜家商场会在约定的时间内送达到消费者手中，这种便捷的沟渠方式，得到了更多消费者的支持。其次，一些在商场难以发现的商品，在宜家官网上就可以搜索出来，只需要支付小额运送费，就可以收到心仪的物品（图4-46～图4-49）。

## 本章小结

　　人体工程学，主要以人为中心，研究人的劳动、工作和休息过程中的各种关系，在商业设计中，人体工程学的含义为：以人为主体，以人为中心，坚持"为人而设计"的原则，本章节通过运用人体计测、生理计测、心理计测等手段和方法，研究人体结构功能、心理、力学等方面与商业环境之间的合理协调关系，以适应人的身心活动要求，取得最佳的使用效能，达到安全、健康、高效能和舒适的目的。

# 第五章

# 人与办公空间

**学习难度：** ★★☆☆☆

**重点概念：** 设计、环境、办公空间

**章节导读：** 随着现代社会的发展，以及人们社会意识形态的转变，人们对办公环境的要求越来越高，舒适的工作环境对于人们办公起到积极作用，从而提高办公效率。本章从人体工程学的角度分析办公空间设计的问题。办公空间是办公建筑的内部形态，与人们的工作、生活有着密切联系。人体工程学的研究则经常为设计师的创造性构想提供思路和依据。人体工程学从不同的立场出发有不同的定义，在办公设计中，它是研究人的工作能力及限度，使工作环境有效地适应人的生理、心理特征的科学。

## 第一节 办公室设计

办公空间是指在办公地点对布局、格局、空间的物理和心理分割。办公空间设计需要考虑多方面的问题，涉及科学、技术、人文、艺术等诸多因素。办公空间室内设计的最大目标就是要为工作人员创造一个舒适、方便、卫生、安全、高效的工作环境，以便更大限度地提高员工的工作效率。一般大、中型企业，为了提高工作效率、节省空间、方便员工沟通，会进行部门划分，每个区域布置都会根据公司职员的岗位职责、工作性质、使用要求等装修设计。一般规划的几个区域有：老板办公室、接待室、会议室、秘书办公室、经理办公室、休息室、部分办公室等。

### 一、领导办公室

#### 1. 相对宽敞

除了考虑使用办公面积略大之外，一般采用较矮的办公家具，主要是为了扩大视觉上的空间，因为过于拥挤的环境束缚人的思维，会带来心理上的焦虑等问题。

#### 2. 相对封闭

一般是一人一间单独的办公室，有很多公司将高层领导的办公室安排在办公大楼的最高层或办公空间平面结构的最深处，目的就是创造一个安静、安全、少受打扰的办公环境。

#### 3. 方便工作

一般要把接待室、会议室、秘书办公室等安排在靠近决策层人员办公室的位置，很多公司厂长或经理的办公室都建成套间，外间就安排接待室或秘书办公室。

#### 4. 特色鲜明

企业领导的办公室要反映出公司形象，具有企业特色，例如：墙面色彩采用公司标准色、办公桌上摆放国旗和公司旗帜以及公司标志、墙角安置公司吉祥物等，另外，办公室设计布置要追求高雅而非豪华，切勿给人留下俗气的印象（图5-1）。

**图5-1** 领导办公室

公司的主要领导，由于领导的工作对企业的生存、发展起到重大的作用，他们有一个良好的办公环境，对决策效果、管理水平等方面都有很大影响。另外，公司领导的办公室在保守公司机密、传播公司形象等方面有特殊的作用。

**图5-2** 经理办公室

经理办公室的面积大，具有会客、休息、办公等功能，需要配置饮水机、办公桌、沙发、座椅、书架、装饰品。

**图5-3** 部门经理办公室

部门经理办公室的面积比经理办公室略小，在装饰上也更加简洁，满足基本的办公与会客功能即可。

**图5-4** 玻璃隔断办公空间

在办公空间中采用玻璃隔断设计，玻璃隔断的视野通透，能一眼望到底，有利于管理者与员工之间的交流。

**图5-5** 封闭型员工办公室

采用对称式和单侧排列式一般可以节约空间。便于按部门集中管理，空间井然有序但略显呆板。

**图5-6** 开敞式员工办公室

打破原有办公成员中的等级观念，把交流作为办公空间的主要设计主题。整个空间宽敞明亮，视线清晰，没有阻挡。

| 图5-2 | 图5-3 | 图5-4 |
|---|---|---|
| | 图5-5 | 图5-6 |

## 二、经理办公室

公司里有一般管理人员和行政人员，设计办公室布局时要从方便与职员之间的沟通、节省空间、便于监督、提高工作效率等方面考虑（图5-2～图5-4）。

经理办公室位于公司的后方，那样比较好把握员工的动向。设计的时候不宜开过多的门，门的朝向也很重要，最好开在坐位的左前方。经理办公室设计布局一定要合理，那样才会有效率的工作，要提供绝对的安静、封闭的环境，以免受到打扰。

## 三、员工办公室

为了充分发挥个人的能动性及创造性，现代人办公格局的"个人化"的需求越来越普遍。针对一些工作方式较灵活的机构，办公空间的规划应考虑弹性发展的必要，员工办公室也分好几种形式。

### 1. 封闭式员工办公室

一般为个人或工作组共同使用，其布局应考虑按工作的程序来安排每位职员的位置及办公设备的放置，通道的合理安排是解决人员流动对办公产生干扰的关键。在员工较多、部门集中的大型办公空间内，一路设有多个封闭式员工办公室，其排列方式对整体空间形态产生较大影响（图5-5）。

### 2. 开敞式式员工办公室

开敞式员工办公室也叫景观式员工办公室，景观办公空间的出现使得传统的封闭型办公空间走向开敞（图5-6）。

### 3. 单元式员工办公室

随着计算机等办公设备的日益普及，单元式员工办公室利用现代建筑的大开间空间，选用一些可以互换、拆卸的，与计算机、传真机、打印机等设备紧密组合的，符合模数的办公家具单天分隔出空间（图5-7）。单元式员工办公室的设计可将工作单元与办公人员有机结合，形成个人办公的工作站形式。

办公空间作为一种特殊功能的空间，人流线路、采光、通风等的设计是否合理，对处于其中的工作人员的工作效率都有很大的影响，所以办公空间设计的首要目标就是以人为本，更好地促进人员交流，更大限度地提高工作人员的工作效率，更好地激发创作灵感。

## 第二节　办公环境

办公环境是直接或者间接作用和影响办公过程的各种因素的综合，从广义上来说，它是指一定组织机构的所有成员所处的大环境；从狭义上说，办公环境是指一定的组织机构的秘书部门工作所处的环境，它包括人文环境和自然环境。人文环境包括文化、教育、人际关系等因素。自然环境包括办公室所在地、建筑设计、室内空气、光线、颜色、办公设备和办公室的布局、布置等因素。办公环境的设计更需要考虑到人们的感情，照顾人的心理、生理的需求（图5-8～图5-11）。

**图5-10** 现代化办公环境

现代化办公环境在设计上更加时尚、多元化，用色上更加简洁明了，但办公空间的功能十分齐全。

**图5-11** 大众化办公环境

大众化办公环境在设计与布局上没有突出点，只满足办公空间的基本功能，较为普通。

图5-10 | 图5-11

## 一、办公环境布置

办公室是组织的一个"门面"和"窗口"，办公室实务的一个重要内容是办公室环境管理，从办公室环境的管理上可看出组织的管理水平和服务态度。办公室管理有助于树立组织的良好形象，有助于组织工作的开拓和发展，办公室也是上司进行决策、指挥的"司令部"，是行使权力的重地；办公室又是信息交换的核心地，是文员的工作室，良好的环境有助于提高文员的办公效率。

办公室环境布置的目的如下。

### 1. 创造舒适而又工作效率高的环境

这是为了有效辅助上司的工作，避免上司受到办公琐事的干扰，有一个清静、舒适的环境用于思考重大问题。

### 2. 塑造良好的形象

前台是客户和群众到单位来时最先接触到的地方，而接待室则是来宾逗留时间比较长的地方。这些场所对塑造组织形象有很大的作用，可以看作是向来宾展示、生动推销本单位"无形产品"的橱窗。

### 3. 建立挡驾制度

为了不让上司把宝贵的时间浪费在不必要的人事接待上，需要把文秘办公室与上司办公室分开，成为两个独立的工作区域，但在距离上相隔不宜太远，便于文秘人员经常汇报和请示，也便于上司随时布置工作。

环境是指人类周围的所有事物及状态，一般可分为自然环境和人为环境；而办公室环境就属于人为的环境，人们可以根据自身的需要去设计办公室的环境，对办公室环境做出适当的管理，使其变得舒适，符合企业的发展需要。

办公室环境可划分为硬环境和软环境，硬环境包括机关的办公处所、建筑设计、室内空气、光线、颜色、办公设备及办公室的布置等外在客观条件；软环境包括机关的工作气氛，工作人员的个人素养、团体凝聚力等社会方面的环境。

## 二、办公室环境遵循原则

### 1. 协调、舒适

协调、舒适是办公室布置的一项基本的原则。这里所讲的协调，是指办公室的布置和办公人员之间配合得当；舒适，即人们在布置合理的办公场所中工作时，身体各方面并没有觉得不适，觉得比较舒适；对工作环境觉得舒适，工作比较称心。

协调的内涵是物质环境与工作要求的协调。它包括：办公室内设备的空间分布、墙壁的颜色、室内光线、空间的大小等与工作特点性质相协调；人与工作安排的协调；人与人之间的协调，包括工作人员个体、志趣、利益的协调及上级与下级的工作协调等。只有各方面的因素都能协调好，在办公室工作的人才会觉得舒适，这也有利于提高团体的工作效率与团队的合作。

### 2. 便于监督

监督是对工作人员的工作进行监督与督导；它分为自我监督、内部监督及外部监督。办公室的布置必须有利于监督，特别要有利于工作人员的自我监督与内部监督。

办公室的布置要适应自我监督的需要。所谓自我监督，就是进行自我约束和控制，自觉地遵守相关的规章制度，要有很强的自制能力，自觉的做好自己的本分工作。办公室的布置还要适应机关内部监督的特点和需要。

办公室是一个集体工作的场所，上下级之间、同事之间既需要沟通，也需要相互监督。每个人的特长和缺点也不同，所以在工作中不能及时的纠正就可能会影响到工作的进程，因此办公室的布置必须有利于在工作中相互监督、相互提醒，从而把工作中的失误减少到最低程度，把工作做得更好。

### 3. 有利于沟通

沟通是人与人之间思想、信息的传达和交换。通过这种信息传达和交换，使人们在目标、信念、意志、兴趣、情绪、情感等方面达到理解、协调一致。办公室作为一个工作系统，必须保证充分的沟通，才能实现信息的及时有效地流转和传递；系统内各因子、各环节才能动作协调地运行。在办公室内也要经常地进行必要的有效的沟通，这不仅能提高工作的效率，而且能够促进员工之间的交流和友谊。

### 4. 整洁、卫生

整洁、卫生包括两个含义：一是办公用品的整齐有序，二是室内的干净卫生，这两方面是相互联系和影响的。整洁是指办公室的布置合理、整齐清洁。所以安置办公设备时，要节省空间，以使室内有较大的活动场地；办公桌与文件柜的相对位置也很讲究，一般情况下，文件柜应位于办公桌后方，伸手可及；桌上物品应分类摆放，整齐有序。电话机应放在办公桌的右上角，以方便接听。卫生是办公室环境的重要内容之一，办公室内的垃圾要及时地清理，时刻保持办公室的各方面的清洁。


## 三、办公室环境的内容

### 1. 地理环境

办公室选定在良好的地理环境中，不仅可以凭借优越的自然位置节省绿化、交通等的费用，方便员工的出行；更重要的是能够促进工作人员的身心健康，提高工作的效率。

（1）环境尽量优美。办公室所在地宜选在环境优美、空气清新、绿化程度比较高、噪声以及其他的污染少的地方；所以选址要尽量远离矿产企业和闹区。优美的环境可以使人心情舒畅，空气清新也使人觉得舒适，从而提高工作效率，良好的工作环境也能更好地留住人才。

（2）交通方便。如果把办公室建在郊外，无疑会延长通勤距离和时间，增加交通负担，降低行政效率，也会给工作人员的家庭增加负担。因此，机关单位在选址时应考虑设在公共汽车站点附近，以方便员工的上下班的出行，也有利于和各个单位的联系。

（3）文化聚集地。一般情况下，文化区是比较安静，环境优美。更重要的是，文化区是科研、学校、书店等单位集中地地方，有着良好的文化氛围，有利于员工开展文化研究的工作。

办公室的选址，一般很难做到十全十美，在实际操作中往往会产生矛盾，环境优美却远离市区，交通方便又过分喧闹。这就需要综合各方面的因素，加以分析比较，然后择优而定。这就要求在选择的时候，要做好充分的调查工作，择优选择。

2. 光环境

光环境对办公室的工作人员来说，是非常重要的（图5-12、图5-13）。办公室内要有适当的照明，以保护工作人员的视力。如果长期在采光、照度不足的场所工作，很容易引起视觉疲劳，这不仅会影响工作的效率，久而久之还会造成员工的视力下降，不仅会损害视力，而且会影响情绪。但亮度也不能太高，过高的亮度也会给员工的视觉造成伤害。

随着雇员办公的相对独立和交流方式的影响，将直接决定办公室的结构类型。单元办公区员工注意力集中，工作专注，而综合办公区集中办公，交流方便。因此不同的应用场合其照明方案是不同。一般用平均照度来衡量某一场合的明亮程度（表5-1）。

| 表5-1 | 不同地方的平均照度 |
| --- | --- |
| 平均照度（Lux） | 场所 |
| 1000～1500 | 制图室、设计室 |
| 500～800 | 高级主管人员办公室、会议室、一般办公室 |
| 300 | 大厅、地下室、茶水室、盥洗室 |
| 200 | 走道、储藏室、停车场 |

平均照度（Lux）＝ 流明（Lm）× 利用系数X维护系数／面积

（1）利用系数。照明设计必须要求有准确的利用系数，否则会有很大偏差。

影响利用系数的大小有以下几个因素:灯具的配光曲线、灯具的光输出比例、室内的反射系数（天花板，壁，工作桌面）、灯具排列。

（2）维护系数。照明设计要考虑到灯具使用一年后的平均照度是否能维持标准. 所以要考虑维护系数。影响维护系数的因素有以下几个：日光灯管的衰竭值、日光灯管及灯具粘附灰尘、P6板老化或格栅铝片氧化等。

良好的办公室光环境应该是人的生理和心理健康的、节能高效的光环境，它包括对天然光的充分利用，对人工光的合理设置与控制、协调，人工光对天然光环境的模拟等方面。现代城市快节奏的生活方式造成人们紧张的情绪和充满有压力的状态。越来越多在办公室中度过自己的一天的人，渴望追求工作环境中的人情味，因此，在办公室营造良好的光环境是十分重要的。

**图5-14** 办公休息区

良好的心境是建立办公室内部和睦气氛的最根本因素，它对办公室成员行为的影响是不可忽视的，情绪一旦产生，可以持续相当长的时间，左右人的心境，影响人的行为活动，具有愉快心境的人，无论遇到什么事都能泰然处之，心境对人的身体健康也有明显的影响。

### 3. 氛围环境

办公室的氛围对员工的工作也是很重要的，办公室内最好是和睦的气氛，和睦的气氛是指一种非排斥性的情感环境。和睦的气氛对工作的顺利开展十分重要，如果办公室内部的气氛是紧张的、不和谐的，成员彼此猜疑，乃至嫉恨，凡事相互推诿，其工作效率必然低下。因此，办公室成员应该善于调节自己的心情，克服消极情绪；努力使自己在任何情况下都能保持良好的心境，创造一个和睦的气氛，共同为公司的发展出力（图5-14）。

### 4. 声环境

办公室应该保持肃静、安宁，才能使工作人员聚精会神地从事工作。一般来说，在安静的场所工作，其效率往往会比较高；在嘈杂的环境中处理问题，往往会分散精力，影响工作效率甚至造成判断失误。尤其是对写文稿一类复杂的脑力劳动，注意力需高度集中，而各种噪声往往造成人的情绪波动，思路中断，影响工作的正常进行。在办公室工作需要一个安静的环境，但安静并非是指绝对没有声音。因为一个人的听觉通道在完全没有刺激作用的情况下，会使人有一种恐惧感，产生不舒服的感觉，造成工作效率下降；声音环境应有一个理想的声强值。办公室的理想声强值为20～30dB，在这个声强范围内工作，会使人感到轻松愉快，不易疲劳，因此，在办公室工作时要保持室内环境的安静。

### 5. 设备环境

办公室内设备应该齐全，在现代化的设备环境要求下，办公室的设备功能日益强化和完善。良好的设备环境能有利于提高办公效率，有利于环境建设，更好地符合办公室的发展要求。

（1）办公室用品的规格、样式和颜色。办公桌椅的样式和规格，颜色应该保持一致，并能配合室内的装饰，这样总体上看起来办公室会比较舒服，有一致性，每个员工的用品的配备也要统一，在别人看来也会觉得该公司很有组织性、团结意识。

（2）办公室用品的摆放。室内的用品如文件柜要分类并贴上标志，资料架上的资料夹也要分门别类并统一颜色，做到整齐划一，这样既美观，又能方便检索和查找文件资料。电脑、传真机、打印机、扫描仪、投影仪数码文件等要集中放在一个区域内，便于电源线和机器散热等管理和维护，在办公桌上最好不要摆放或过多的摆放私人物品。

#### 6. 人际环境

办公室内部良好的人际关系与工作效率密切相关。一个好的领导者，不仅要注意改善工作场所的物质环境，还要花较大的力量建立办公室内良好的人际关系。

（1）一致的目标。目标是全体人员共同奋斗的方向，可激励大家奋发努力。只有目标一致，才能使大家同心同德，团结共事。

（2）统一的行动。要使工作人员在既定的目标下，充分发挥个人的特长，彼此配合默契，必须有严格的规章制度、科学的管理，这样整个办公室才能呈现统一的行动状态。

（3）融洽的凝聚力。凝聚力是指办公室成员之间的吸引力和相容程度。个人的心理需要，尤其是与工作有关的需要，例如信念与支持需要、归属需要等。这样整个办公室的人才能更好的团结一致去工作。好的人际环境应使团队更好地合作工作，为社会和企业做贡献。

#### 7. 安全环境

安全环境是整个办公室安全措施的总和。人只有在安全的环境下才能更安心地工作（图5-15、图5-16）。安全环境的内容大致包括以下方面。

（1）防火安全办公室内存储有大量的档案与信息，如果不慎失火，会给国家造成不可弥补的损失。所以办公场所要特别注意防火，除制订严格执行安全防火制度外，还要设置防火、灭火及避雷装置，以防止火灾的发生。1997年柳州市"9·19"特大火灾事故，一家白云山市场由于室内的线路短路而引起火灾，火从一楼窜到三楼，市场大楼内的1～3楼内的绝大部分商品和设备化为灰烬，直接经济损失1900万元。现在越来越多的人忽视了室内线路的防火安全，所以很容易导致火灾的发生，这就要求在环境的管理中要加强专人检查和预防火灾，定时做好线路的检查和更换的工作。

（2）人身安全。办公室工作人员在工作中为了贯彻原则，保护企业整体利益，有时会不可避免地触及少数人的利益，假如个别人思想不正，办公室工作人员的人身安全就有可能受到威胁。因此要加强门卫登记制度，以保证办公场所及人员的安全。

（3）财产安全。办公室的设备、文件、档案等是国家的财产，应该实行严格的安全防护措施，以防止盗窃、拐骗、窃密现象的发生。除了要有严格的制度作为保障外，还要购置必要的保险设备，并配有专人负责。

随着信息化的大发展，现在越来越多的企业已经忽略了办公室的环境管理，只注重生产的效率，但办公室是一个团体和部门工作的地方，其环境对于工作的开展也是十分重要的，因此要做好办公室的环境的管理的工作。办公室就是公司的窗口，是脑力劳动的场所，企业的创造性大都来源于该场所的个人创造性的发挥。因此，重视个人环境兼顾集体空间，借以活跃人的思维，努力提高办公效率；从另一个方面来说，办公室也是企业的整体形象体现，一个完整、统一而美观的办公室形象，能增加客户的信任感，同时也能给员工以心理上的满足，提高工作的效率。所以加强对员工办公室的环境管理和优化是企业应面对现实要做好的工作。

## 第三节　办公空间的人体工程学

### 一、办公桌

办公桌是工作人员进行业务活动和处理事务的基本平台，办公桌的宽度、深度、高度决定了工作人员的作业范围和姿势（图5-17）。

**图5-15** 消防管道

消防管道是办公空间的必备安全设计，在设计中要谨守国家相关规定，不可偷工减料。

**图5-16** 消防逃生门

消防逃生门在办公空间的每一层楼都有，要保证逃生门在紧急情况下可以开启。

**图5-17** 办公桌及人体相关尺度

办公桌的设计应该从人体工程学的原理出发，考虑人体基本尺度、肢体活动范围和运动规律，否则容易带来操作上的不便和易造成工作疲劳，比如办工作过高或者过低都会导致腰、肩的不适。

图5-15 ┊ 图5-16
————————————
图5-17

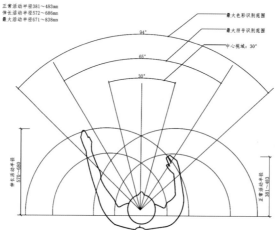

办公桌台面的宽度、深度，需考虑人上肢的活动范围和视觉范围

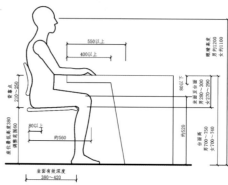
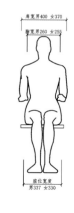

正常工作坐姿的人体尺寸

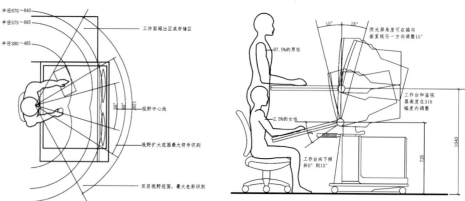

电脑操作台的常用尺度

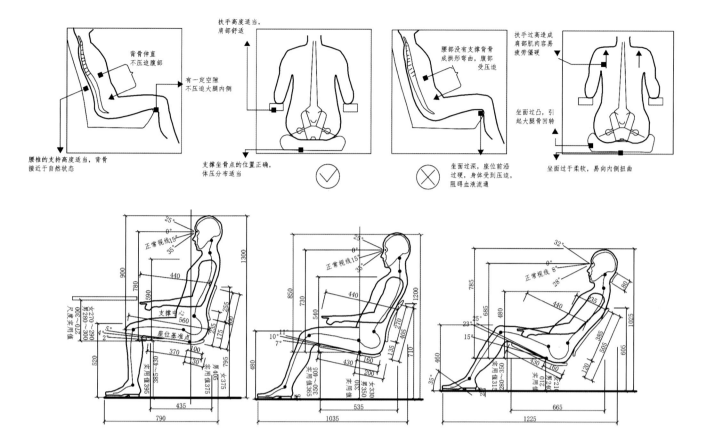

背骨伸直
不压迫腹部

有一定空隙
不压迫大腿内侧

扶手高度适当，
肩部舒适

腰椎的支持高度适当，背骨
接近于自然状态

支撑坐骨点的位置正确，
体压分布适当

腰部没有支撑背骨
成拱形弯曲，腹部
受压迫

坐面过深，座位前沿
过硬，身体受到压迫，
阻碍血液流通

扶手过高造成
肩部肌肉容易
疲劳僵硬

坐面过凸，引
起大腿骨回转

坐面过于柔软，易向内侧扭曲

**图5-18** 椅子功能及支持面的标准
形式

对椅子功能评价包括臀部对坐面的
体压分布情况，坐面的高度深度、曲
面，坐面及靠背的倾斜角度等是决定
人的坐姿重心及舒适度的重要因素。

随着数字化办公方式的普及，计算机已成为很多办公空间的必备工具，设计办公桌时应考
虑到计算机操作人员的需要，包括键盘、鼠标的位置、显示屏的角度以及其他输入、输出设备
的配备。办公桌的单体作为开放式空间组合的基本单元，它不仅可以为个人提供独立的工作区
域，还能实现现代办公所要求的人员组合上的可能性，对空间的利用和提高是一种策略。对于
一些特定场所和特定的办公方式，需要考虑个性化的办公设计，在符合人体工程学的原理上，
根据环境和使用者的需求，适当调整常规尺度。

## 二、工作椅

工作椅是人在工作时所坐的椅子，人体工程学从理论上证明了人的站立姿势是自然的，而
坐卧姿势改变了自然的状态。人在坐下时盆骨要向后方回转，同时脊椎骨下端也会回转，脊椎
骨不能保持自然地S型，就会变成拱形，人的内脏不能得到自然平衡就会受到压迫的痛苦，脊
椎就要承受不合理的压力。因此，若要使人的脊椎回到自然放松的状态，就要借助一些辅助工
具，这种辅助工具就是从人体工程学的角度定义的工作椅。

人体工程学关于椅子支持面条件的研究综合了多方面实验结果，其中有三种形式，第一种
是一般的办公用的椅子，第二种是一般的休息用的椅子，第三种是有头枕的休息椅。需要注意
的是，是以支持面的标准稳定人体姿势，而不是以椅子的外形（图5-18）。

## 三、隔断

现代建筑内部开间的增大为创造集团式的办公格局提供了条件，设计者应利用可移动、可
拆装的隔断灵活分隔空间。此外，隔断表面的材质感、透明度、体量、造型等，也会在一定程
度上影响人们对空间独立性的感觉。除了分隔空间以外，隔断还能作为小区域内的墙体，起到

**图5-19** 隔断及隔断上的吊柜高度

根据功能需要创造出相对封闭或开放的空间单元，以满足现代办公形式的灵活性。在处理隔断时要注意，不同高度的隔断由于对视线或者行为的不同程度的隔断，能以多种形式创造出具有独立感的工作空间。

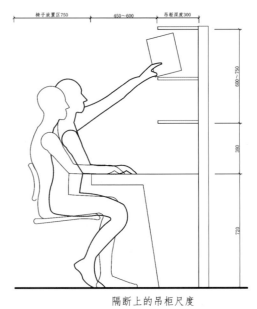

隔断上的吊柜尺度

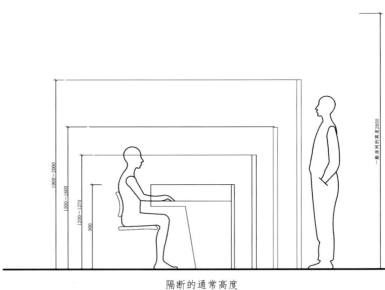

隔断的通常高度

储物、隔音、引导流通的作用（图5-19）。

## 四、办公会议家具

在办公会议家具中，一般来说，圆形的会议桌和正方形的会议桌有利于营造平等的交流氛围。而长方形的会议桌、船型的会议桌比较适合区分与会者身份和显示与会者地位的会议（图5-20、图5-21）。

**图5-20** 圆形会议桌

圆形的会议桌更有利于与会者视线的交流，设计中应该根据空间的大小、形状合理安排会议桌的选型、尺度及座位容量。

**图5-21** 长方形会议桌

当长方形会议桌的纵向尺度过大时，会影响与会者的视线交流。

图5-20 | 图5-21

在会议室的空间布局中，会议桌与座位以外四周的流通空间要安排合理。根据人体工程学的原理，从会议桌边到墙面或者其他障碍物之间的最小距离应为1220mm，该尺度是与会者进入座位就坐和离开座位通行的必备流通空间（图5-22、图5-23）。

**图5-22** 普通会议桌尺度

一般会议桌的尺寸在910~1370mm，当会议桌的尺寸小于910mm时，双方距离过近会显得十分拘谨，影响两人之间的正常谈话。

**图5-23** 其他办公会议桌面尺度

图中分别是四人会议方桌、四人会议圆桌、五人会议圆桌、八人会议桌尺寸，在设计时可以按照以上尺寸来进行办公空间设计。

图5-22
———
图5-23

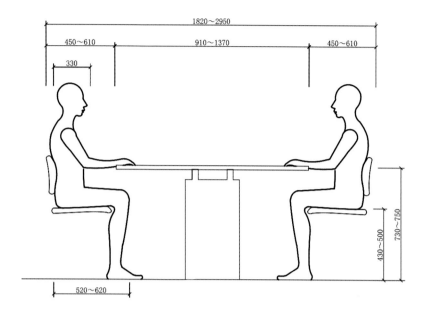

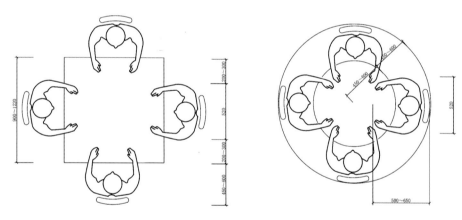

四人会议桌平面尺度

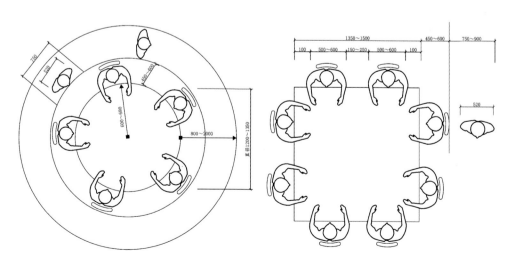

五人会议桌平面尺度　　　　　　　　八人会议桌平面尺度

## 五、办公工作单元

**图5-24** 办公工作单元

相对独立的中小型工作单元可为工作人员提供不同程度的独立空间,使他们能在不受外界干扰的情况下工作、讨论、互相协调。

办公工作单元中的每个因素都要从更多相关人员的行为因素出发。通行、办公、整理资料、接待等方面的协调发展,充分发挥个人的主观能动性和创造性,现代办公格局的"个性化"需求越来越普遍。针对一些工作方式比较灵活的机构,办公空间的规划应考虑弹性发展和重组的需要,在工作单元的设计上应采取便于组装、整合、分隔的空间组织形式(图5-24)。

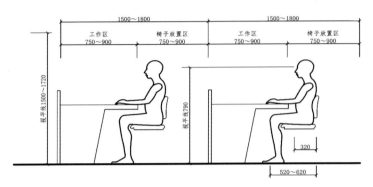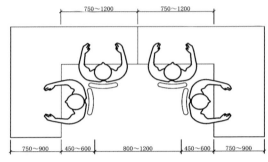

相邻工作单元的常用间距

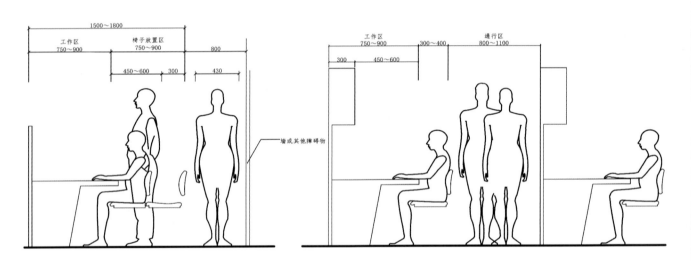

可通行的工作单元应考虑行走所需的空间

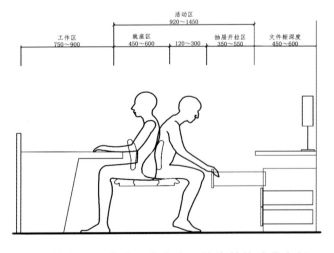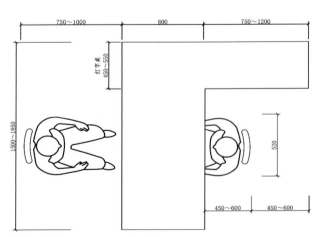

带资料柜的工作单元应考虑取放资料的动作空间　　　可接待来访者的工作单元

★ 小贴士

办公空间设计要点

（1）美观大方（图5-25）。办公室装修要本着大众的审美来执行。让在办公室上班的员工，都能感到舒适，不要过于另类，大众的方案才是完美的解决方案。在个人办公室的设计中，可以融入个人的喜好。但是在所有的办公室设计思路中，美观大方是第一要义。

（2）和谐统一。作为办公室设计的第二个要点，做到和谐统一，相比美观大方，难度又更高了。和谐统一要求办公室设计的方方面面都要保持一致的风格，做到浑然一体的感觉。比如色彩、装饰、家具等，为了和谐统一，在风格上也要保持一致，避免有跳出感。

（3）注重实用性（图5-26）。办公室最终的作用依然是办公，设计装修是为了在视觉、触觉上给员工以舒适感，但是过于追求富丽堂皇的设计风格，对员工的办公没有任何帮助，而且不实用，既浪费建筑面积，还会带来不好的体验。办公室设计是保证员工舒适工作的同时，提供良好的体验。

## 六、办公接待空间

办公接待空间是很多机构为了展示自己的形象，将接待区作为空间设计的一个重点，形成对外的形象窗口。但不同属性的办公机构通常将面对不同的服务对象，设计者应充分研究并针对这些差异和特征进行空间的设计（图5-27～图5-29）。

**图5-25** 美观大方设计

**图5-26** 实用性设计

**图5-27** 前台接待区

一般情况下，前台接待区设有等候区，方便来访者可以休息片刻，做一下调整。

**图5-28** 前台接待区

特殊情况下，一些公司的前台并没有设置座位或等候区，直接将来访者带入会议室或其他休息区。

| 图5-25 | 图5-26 |
| --- | --- |
| 图5-27 | 图5-28 |

**图5-29** 办公接待空间尺度

按照接待对象不同，儿童、坐轮椅的客人或是成年人，接待台的造型及尺寸就不同。接待过程中所需要的时间长短、等候人群的多少等，也是设计时要考虑的因素。

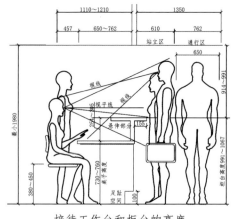

接待工作台和柜台的高度

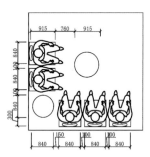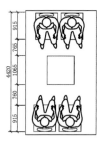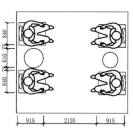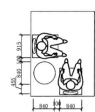

接待空间等候区的平面尺度

## 第四节　案例分析：办公空间设计

办公空间具有不同于普通住宅的特点，是由办公、会议、走廊三个区域来构成内部空间使用功能。办公空间室内设计的最大目标就是要为工作人员创造一个舒适、方便、卫生、安全、高效的工作环境，以便更大限度地提高员工的工作效率。这一目标在当前商业竞争日益激烈的情况下显得尤为重要，它是办公空间设计的基础，是办公空间设计的首要目标。

本案例是一个能源型公司的办公设计，在设计中，设计师秉承着美观大方、功能实用、整体和谐统一的设计原则，办公空间划分合理，各区域功能性强，在兼顾使用功能的同时，还照顾到了员工的身心健康，为员工营造出和谐的办公空间氛围（图5-30、图5-31）。

**图5-30** ｜ **图5-31**

**图5-30** 前台接待区

前台接待区设有宣传海报与沙发，这里也是一个小型的面试区，当接待区与会议室都满员的情况下，人事专员可以在这里面试新员工。

**图5-31** 照明设计

除了基础照明与轨道灯辅助照明之外，为了在休闲区营造出轻松愉悦的氛围，设计师增加了气氛照明，暖色的光源更能治愈工作之余的疲惫感，让员工的内心得到有效放松。

一条长长的过道连接空间中的各个小空间，依次分为前台接待区、会议室、休闲区、办公区、经理办公室等空间，整个空间的走向十分清晰，站在过道里能够看到整个功能分区（图5-32~图5-40）。

**图5-32** 通道设计

通道的最窄尺寸为1200mm，可供两人并排行走，在办公空间中，这个尺寸较为适宜。

**图5-33** 娱乐休闲区设计

在办公区的对面是休闲娱乐区，设有休闲沙发与电视机，墙面大小不一的采用圆点，打破了办公空间的沉闷感。

**图5-34** 彩色玻璃隔断

考虑到透明玻璃在自然光的照射下，亮度过于耀眼，彩色玻璃在一定程度上可以阻隔一定的光亮。

**图5-35** 色彩心理

红色给人热情、积极向上的感觉，在大面积的红色中穿插黄色，形成跳色，避免视觉疲劳。

**图5-36** 会议室设计

会议室呈方形，考虑到会议的严谨性与思维拓展性，整个空间没有设计复杂的色彩，有利于在会议上发散思维，减少视觉干扰。

**图5-37** 长方形会议桌

由于会议室的面积有限，在容纳更多人的情况下，设计师将会议桌设计为长方形，虽然在沟通上有一定的局限性，但是也满足了基本的会议要求。

**图5-38** 办公单元设计

从办公室总体布置来看，整个办公区氛围单元式布置，每一个单元可容纳6~9人办公，每个单元之间用文件柜进行了分隔，每一个办公单元都是独立的。

**图5-39** 办公空间布局

整个办公空间的走向十分明朗，左侧为休息区，可以看电视、喝水、看报，右侧为办公区域，中间为行人过道，功能分区明显。

办公桌面到地面的高度为750mm,是一个较为舒适的办公尺寸，桌面上没有分隔，属于开放式的办公区域

办公桌没有采用传统的结构形式，简单的柱式支撑着桌面，在视觉上呈现出轻盈、简洁的感觉

**图5-40** 办公桌设计

### ★ 补充要点

办公空间色彩设计

（1）领导办公室。在进行领导办公室装修的时候可以选择深色系的，因为他有着跟员工不同的威严，使用深色系可以很好地衬托出领导的权威。然后加以清新活泼的颜色进行点缀，这样整体效果中，就不会显得沉闷无趣。

（2）色彩色系统一。色系统一的空间显得层次分明，而不是杂乱无章，这样办公室整体装修出来的效果就会让人眼前一亮，心情愉悦。在一个办公室里，设计师对色彩的应用不能过多，色系不能乱混，一般选用一个色系的颜色，做到层次分明，深浅不一，色彩的使用使得装修空间不会非常的单调。

（3）背光空间。再好的办公室格式，都会有背光的空间存在，这时候我们就需要选择较为明亮的色彩。员工在办公的时候，都希望自己的周围宽敞明亮。如果没有那么明亮的话，就需要通过暖色调来进行搭配，这样就会使得办公室温暖舒服。

### 本章小结

本文通过对办公空间人体工程学的分析研究与探索，对办公空间分类、设计以及人性化需求的探究，强调办公空间以人为设计的核心，设计是以满足人的心理、生理、物质和精神需求。办公空间人性化的设计是必然趋势和最终结果。

# 第六章

# 人与展示

**学习难度：** ★★★★☆

**重点概念：** 特性、识别、定位、流线

**章节导读：** 展示设计是一门综合艺术设计，它的主体为商品。展示空间是伴随着人类社会政治、经济的阶段性发展逐渐形成的。在既定的时间和空间范围内，运用艺术设计语言，通过对空间与平面的精心创造，使其产生独特的空间范围，不仅含有解释展品宣传主题的意图，并且使观众能参与其中，达到完美沟通的目的，这样的空间形式，我们一般称之为展示空间。对展示空间的创作过程，我们称之为展示设计。展示行为的根源是满足人类社会交往和沟通的欲望，在展示设计中，人体工程学的各种尺度是确定各种空间设计和占据设计的基础依据。运用人体工程学的知识对尺度空间进行控制，可以使光照、色彩等效果能更好地适应人的视觉，产生特定的心理效果。

## 第一节　展示空间设计

展示设计以"展示具"为标的物的设计，更广泛的说，是以"说明""展示具""灯光"为间接的标的物，来烘托出"展示物"这个主角的一种设计。换言之，展示设计的标的物具有配角的性格。展示设计从范围上可以大到博览会场、博物馆、美术馆，中到商场、卖场、临时庆典会场，小到橱窗及展示柜台（样品柜），不过都以具说服力的展示为主要概念。就展示设计所处理的内容而言，主要有展示物的规划、展示主题的发展、展示具、灯光、说明、标指示及附属空间（如大型展示空间就该包括典藏、消毒、厕所、茶水、休息等空间）。

从某个角度看，展示设计是新兴行业，以往较大规模与较固定性的展示设计归属于建筑设计，较小规模的展示设计归属于室内设计，较临时性的展示设计就归属于美术工艺或室内设计。那么，是什么因素让从大到博览会场、博物馆、美术馆，中到商场、卖场、临时庆典会场，小到橱窗及展示柜台（样品柜）都会重新以"展示设计"这样的行业来理解呢？这是由于：第一方面，可能是前述的以"展示"为主要概念；第二方面，可能是，短时间的博览会或工商展览会在19世纪末20世纪初兴起；第三方面，可能是第二次世界大战后"卖场或商场"的大规模化与精致化、专业化等所致。

展示设计是一种人为环境的创造，空间规划是展示设计中的核心要素。所以，在对空间设计进行探讨之前首先明确空间的概念是非常必要的，展示艺术是实用性很强的艺术，任何一个展示设计都是为了某种目的去组织元素从而使之成为一个整体。

### 一、展示空间的构成

在展厅设计中，从展示空间的功能来考虑，其展示空间的构成主要有序列式空间构成、组合式空间构成等形式。

#### 1. 序列式空间构成

序列式空间是由入口、序厅、展示陈列室空间以及互动空间按顺序所构成的展示空间。其设计应达到前后顺序分明、空间组织结构严谨，庄重、严肃，时序逻辑较强（图6-1）。

#### 2. 组合式空间构成

组合式空间构成是指各个分馆、展位之间组合随意，走线自由，无主次先后之分，使观众产生舒适轻松、自由惬意的感觉（图6-2）。

图6-1 ｜ 图6-2

**图6-1** 纪念馆
这种空间构成形式适宜以纪念性、历史性为主题的内容的展示。

**图6-2** 隔断宴会厅
这种类型的空间形式适合具有自由选择、积极参加、充分观览为特点的贸易性展览交易会等的展示。

**图6-3** 展板销售

在展厅入口，各类商场空间中，通过展板开展示出商品特征，达到营销的目的。

**图6-4** 珠宝展柜

通过对珠宝的陈列展示，综合展示道具及照明、色彩的设计，展示出珠宝的贵重感。

**图6-5** 商贸展销会

展销会上的展销品种多，因此，在设计时会限制展馆的个性化设计，一般采用统一的展馆设计。

**图6-6** 服装交流会

服装本身具有多彩多样的特点，在展馆设计上更要博人眼球，一般大型服装展分为女装、男装、童装等多个展示区。

**图6-7** 博物馆展览

博物馆的展厅可大可小，分国家性质与地方性质的展厅，在占地面积与展示设计上都有所不同。

**图6-8** 电子设备展

在一个大展厅中分为多个形式的小展厅，展厅的位置与展品的丰富性影响展厅的人气。

| 图6-3 | 图6-4 |
|------|------|
| 图6-5 | 图6-6 |
| 图6-7 | 图6-8 |

## 二、展厅设计的分类

展示设计一般分为销售展示设计、展览会设计、室外标志设计。

### 1. 销售展示设计

主要指店铺的展示陈列，包括各类商场、商店、饭店、宾馆、酒吧、画廊等，通过对展示空间进行设计和规划，达到突出商品、传递商品信息、促进商品销售、取得经济效益的目的（图6-3、图6-4）。

### 2. 博览会设计

展览会是超大型的展示传达，会场一般分为导向标志地带、主题馆、公共团体馆、民间企业馆、外国馆、公共广场和游园地等。另外也有单一产业领域的博览会，规模相对较小，包括艺术展览、博物馆、商贸展销会、博览会、展览中心等（图6-5～图6-8）。

### 3. 室外标志设计

设计室外标志时应考虑远距离观看的可读性、昼夜双重效果及设置的安全因素，霓虹标志、壁面标识、标志板、室外广告、诱导标志等都是室外标志（图6-9）。

展示设计的最终目的是向观众传达信息，许多展示采用交流设计，激发人们的好奇心，调动观众的参与意识，使被动地接受变为积极地探寻，根据观众的心理特点和行为的差异进行目标分析，从而确定设计的目标，如采用有奖问答、自主操作、发放宣传品等方法，提高传达的实效。

### 三、展示设计的视觉因素

#### 1. 视距

视距是指观者眼睛到展示物之间的距离，正常视距一般要求为展品高度的1.5～2倍（表6-1）。这时就要求展品陈列的设计必须考虑这个因素，不能故意制造障碍使观众远离而无法看清展品，但是也要保持观众对展品的适当距离，不仅保持较好的视觉效果，也是对展品的一种保护，一些贵重展品还可以用玻璃罩进行保护。

表6-1 　　　　　　　　　视距和展品高度之间的关系表

| 展品性质 | 展品高度$D$（mm） | 视距$H$（mm） | $H/D$ |
| --- | --- | --- | --- |
| 展板 | 600 | 1000 | 1.7 |
| | 1000 | 1500 | 1.5 |
| | 1500 | 2000 | 1.3 |
| | 2000 | 2500 | 1.25 |
| | 3000 | 3000 | 1.0 |
| | 5000 | 4000 | 0.8 |
| 立柜内陈列展品 | 1800 | 400 | 0.2 |
| 平柜内陈列展品 | 1200 | 200 | 0.17 |
| 中型实物 | 2000 | 1000 | 0.5 |
| 大型实物 | 5000 | 2000 | 0.4 |

#### 2. 视错觉

视错觉是由于人眼的特殊生理构造，所得到的视觉感受不可避免的和实际情况存在一些差异。比如长短错觉、弯曲错觉、大小错觉等，人对世界的感知觉大部分是依靠视觉（图6-10、图6-11）。

**图6-9** 霓虹标志

霓虹广告牌具有得天独厚的优势，在白天，与普通的广告牌并无差异，在晚上通电后瞬间发光发亮，这是普通广告牌不能实现的。

**图6-10** 视错觉

设计时可以利用视错觉，将原本客观存在的展品进行陈列设计，让人看到不一样的展示效果。

**图6-11** 美术馆照明

利用灯光投影出的错觉感，灯光照射在每一幅画上，呈现出不同的视觉感，这是一般照明条件下体验不到的视觉盛宴。

**图6-12** 灯光虚拟海洋环境

展示空间的照明设计要考虑到眼睛对光的适应性，使用柔和的光线，这样会让眼睛感觉最舒服，避免对比光线强烈造成人眼的不适。

**图6-13** 色彩缤纷的展示空间

在展厅设计中不能全部都是大红大绿的颜色，适当加入一些中性稳定的色彩，让人眼感觉到舒适，得到放松。

图6-10 | 图6-11
图6-12 | 图6-13

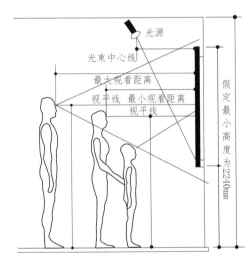

图6-14 陈列高度

### 3. 照明与颜色

人的眼睛对展品的反应会根据颜色和照明的变化而做出适当的调整，但这种调整是有一定限度的，在照明强烈变化的时候，人的瞳孔会做出相应的调整，但需要一定时间的反应。同样，人眼也会受到不同的颜色刺激，甚至会因颜色的强烈刺激而影响到人对色彩的正确判断（图6-12、图6-13）。

## 四、展示设计中的尺度要素

展示空间是指陈列展品、模型、图片与音响的空间，还包括放置展具、音响设备进行演示、表演、接洽等所需的空间场所。展示中的基本尺度包括陈列密度和陈列高度（图6-14）。陈列密度直接影响人的视觉感受和心理感受，在展示空间中，陈列密度为30%～60%较为合适，超过60%时就会显得拥挤和堵塞。陈列高度是指展品或版面与参与者视线的相对位置，陈列高度根据人标准身高、展板和隔断墙的高度设定，如果按照我国人体平均测量高度168cm计算，视高约为152cm，以此高度上下浮动，陈列高度在112～172cm之间可视为黄金区域，可作为重点陈列区（表6-2）。

表6-2 　　　　　　　　　　**普通营业厅内通道最小净宽度**

| 通道位置 | | 最小净宽度（m） |
|---|---|---|
| 通道在柜台与墙面或者陈列窗之间 | | 2.20 |
| 通道在两个平等柜台之间 | 每个柜台长度小于7.5m | 2.20 |
| | 一个柜台长度小于7.5m，另一个柜台长度在7.5～15m之间 | 3.00 |
| | 每个柜台长度在7.5～15m之间 | 3.70 |
| | 每个柜台长度大于15m | 4.00 |

一般建筑结构尺度：展厅净高最小不低于4m，台阶踏步的高度与深度尺寸必须恰当，计算公式为：高×2＋深＝63cm，楼梯宽度一般设置为单人梯90cm。在设计时必须考虑到弱势群体的观展需求，进行无障碍设计，为他们提供方便。

★ 小贴士

*展厅色彩设计原则*

（1）色彩统一的原则。无论是展示空间还是道具和展示陈列，都要在总体色彩的基调上统一考虑。

（2）突出空间与展品的原则。作为展厅设计活动，观众面对最大的形态是展示空间，面对的最主要的视觉对象是展品，所以，色彩设计的对象应以突出展示空间气氛和突出展品的展示为主，设计时应给予必要的关注。

（3）色彩应有层次与变化的原则。任何一种色彩设计，如果仅有统一，没有变化，仍是一个缺乏生气和不讨人喜欢的设计。因为观众在参观的过程中，会由于得不到足够的色彩对比的刺激而感到乏味。所以，色彩在统一的前提下应通过色彩面积的大小，色彩的色相、纯度、明度的变化，光色与材质色的对比等方面作有联系、有规律的变化。

（4）色彩设计应注重照明和材质的原则。当代的展厅色彩设计，十分重视发挥展示照明与道具材质色彩所具有的功能作用，以前那种靠油饰色彩表现的做法已被发挥材料自身颜色的做法所取代。当然，目前市场上有很多表面装饰材料，但设计时还是应该尽量把照明和材质的本色利用放在首位。因为这种设计将会大大地减少材料的重复使用和加工时间，并且会带来色彩效果的新的感受。

（5）研究观众、理解观众的原则。展厅设计色彩的最终对象还是参与展示活动的观众，观众生理上和心理上对展示色彩的反映如何，将是色彩设计的定位问题。

## 第二节　展示空间特性

展示艺术与空间是密不可分的，甚至可以说展示艺术就是对空间的组织利用的艺术。"空间"这个概念贯穿于展示设计的概念，展示设计的本质与特征，展示设计的范畴以及展示设计的程序（图6-15、图6-16）。

图6-15 | 图6-16

**图6-15** 橱窗展示

橱窗展示是较为常见的展示形式，相对于所有的服装堆积在一起，橱窗展示能够将一件服装的色彩、款式、长短都展示出来。

**图6-16** 商场展示

商场展示空间的本质是售卖商品，优秀的展示设计能够吸引消费者的视线，激发其购买欲望。

## 一、空间的两重性

空间这个概念有着相对和绝对的两重性，这个空间的大小、形状被其围护物和其自身应具有的功能形式所决定，同时该空间也决定着围护物的形式。"有形"的围护物使"无形"的空间成为有形，离开了围护物，空间就成为概念中的"空间"，无法被感知；"无形"的空间赋予"有形"的围护物以实际的意义，没有空间的存在，围护物也就失去了存在的价值。对于空间及其围护物之间的辩证关系，早在2000年前，老子曾作过精辟的论述："埏埴以为器，当其无，有器之用。凿户牖以为室，当其无，有室之用。故有之以为利，无之以为用。"

## 二、空间的时间性

时间始终和空间联系在一起，任何空间都不能离开时间独立存在，离开时间单谈空间是无趣的且没有意义的。自爱因斯坦"相对论"提出以后，人们对空间有了更深入的了解，知道了空间和时间是一个东西的不同表达方式。人们在展示环境中对展品的观赏，必然是一种动态的观赏，时间就是动态的诠释方式，从一个空间进入另一个空间，没有时间就无法展开有意义的活动，人们对空间的体验实际上是一种行为的过程，它依赖于事件的连续性和人对事件的认知和记忆。空间的时间性在展示设计中是客观存在的一个因素，充分运用时间的特性创造动态空间形式，是为展示设计创造"流动之美"的根本。

## 三、空间的流动性

在展示环境中，空间具有流动性是必然的，是由展示空间的功能特点决定的。展示空间是一门空间与场地规划的艺术，是在特定的空间范围内用一定的表现手段向观众传达信息，它使观众犹如置身于一个巨大的艺术雕刻中，用陈列手法的动态表现、规划上有意识的引导，使观众在三维空间中体验时空产生的第四维效应。

## 四、空间的时空性

"时"与"空"是一个不可分割的统一体，展示空间是时间与三维空间的高度集合。受众在展示场所可视、可闻、可触、可感，全方位地去参与、去感受，并由此构成体验展示目的的行为过程。可以说，离开一定的时间，人们就无法全面认知和感受展示空间。

## 五、空间的多样性

展示功能的多元性，展示范畴的丰富性，展示性质的差异性，展示场所的特殊性以及展示结构方式的灵活性决定了展示空间绝不是一个单一的空间形式。展示形态中对点、线、面、体的运用，几何形态的打散与组合，道具材质的充分利用，灯光与装饰的辅助设计，陈列手法的多样化等促成了展示空间组合形式的各种可能性。

## 六、空间的开放性

展示陈列本身就是面向公众的开放之举，以促进主客双方信息的沟通和意向的一致。展示陈列空间的设计以最大限度地满足受众的需求为目的，为其创造最佳受信和传信环境，为大量信息提供最优传播方。

★ 补充要点

分配展区设计

展品是展示空间的主角，以最有效的场所位置向观众呈现展品是划分空间的首要目的。逻辑地设计展示的秩序、编排展示的计划、对展区的合理分配是利用空间达到最佳展示效果的前提。因此，设计师中必须将空间问题与展示的内容结合起来进行考虑，不同的展示内容有与之相对应的展示形式和空间划分。如商业性质的展示活动要求场地较为开阔，空间与空间之间相互渗透以便互动交流，展品的位置要显眼，对于那些展示视觉中心点如声、光、电、动态及模拟仿真等展示形式，要给以充分的、突出的展示空间以增强对人的视觉冲击，给观众留下深刻的印象。总之，给展品以合理的位置是展示空间规划首要考虑的问题，也是能否做成一个成功的展示设计的关键。


# 第三节　识别与定位

展示设计首先必须明确让人看什么，理解什么，进而使其产生什么行动，为此，要运用各种艺术手段，有效地调动人的全部感官机能。现代展示设计是一项综合的传达工程，不仅是版面设计，还包括建筑室内外空间、交通规划、人群控制、展具陈设、照明、音像以及材料、构造、安装、预算等诸多的系列因素。展示作为空间信息传达，其设计策划应定位于人、物、场地三个基本要素及其关系的基础上。


## 一、人的定位

在展示的设计中，人的定位指展示传达的目标观众，分析展示环境中人的因素，包括人文因素和心理因素以及运用人体工程研究展示活动中观众的行为特点，进行最适合的设计，提高传达效果。

人文因素是指消费者年龄、性别、职业、收入、文化程度、家庭、社会阶层、国籍、民族、宗教信仰、价值观等方面。在地理环境、人文环境相同情况下的观众对同一展品的感受也不尽相同，这就是心理因素的区别。心理因素包括生活方式、性格、生活需求等。

### 1. 按生活方式的特点划分

（1）需求促使者。处于贫困线上的维生者和社会底层的幸存者。

（2）从众者。从众者有三种不同层次的类型。收入低、文化程度不高的跟随传统观念的从属者；收入水平中等、追求地位的模仿者；收入和文化程度均高，追求成就的成功者。

（3）自我意识者。喜好时尚、自我陶醉的自我中心者；标新立异、精神生活丰富的实验者；追求内心发展、关心社会问题的关心社会者。

### 2. 按人的利益规则划分

（1）追求地位者。购买商品的标准是为了提高自己的声望。

（2）时髦人物。消费行为力争时髦。

（3）保守者。注重品牌。

（4）理性者。讲究实用，追求经济利益。

（5）个性者。关心自我形象。

（6）享乐主义者。注重感官方面的满足。

人们参观展览是为了满足自身的某种需要，人的需要可分为生理需要和社会需要两类，生理需要是人为了维持生命，保持人体生理平衡的基本需要，如饮食、保暖、睡眠等；社会需要是为了维持社会生活，进行社会生产和社会交往而形成的需要，如对各种资料、工具、用品的需要和对文化艺术的需要。在现实生活中，人的生理需要与社会需要往往紧密地结合在一起。如人为了御寒的生理需要而购买衣服，同时，还要考虑衣服的式样是否美观、符合身份等社会需要的因素，而且，在很多情况下往往以社会需要为主导因素。美国心理学家马斯洛认为，人的需要是从低级向高级发展的，首先产生的是低级需要，当低级需要满足后就开始追求更高一级的需要。可将人的需要从低级到高级划分为五个层级，依次为：生存需要、安全需要、社交需要、自尊需要、自我实现需要。展示设计应通过巧妙的艺术表现手法触发各种需要的诱因，引发人们观看的兴趣。

## 二、物的定位

物的定位指各种展示物，包括实物、模型、图像和文字版面及各种展示道具。展示物是信息的载体，因此，展示物的设计即各种信息载体的设计，首先要决定如何组织所要传达的信息材料，大量的信息以时间维度展开、传送形成信息流。组织的方式分为两种：线性系统和非线性方式。思想意识、观念等具有逻辑程序性的内容，一般采用线性有序的展示，如各种文化类展览；而相互无关的内容，如大多数商贸展示，则可做自助餐式的非线性陈列。在大型或大信息量的展示中，两种方式往往结合起来运用，如先是定向的有序展示部分，然后是由观众自由选择的部分；或总体为历时性设计，局部为共时性展示。信息流组织方式与交通线紧密相关，因此，信息流设计应配备相应的交通规划，如规定交通线设计和自由交通线设计。

展示道具对版面和展品起承托、吊挂、分隔、照明、保护作用的展具，如橱柜、框架、屏栏、台座、零件等，可用各种材料制作，但应以一种材料为主。材料的选择除了考虑经济因素外，在视觉上要表现材料质感，材料质感的粗犷与细腻、华丽与朴素、温暖与冷峻、轻重、刚柔以及透明性等，并非孤立地表现，而是与光线、色彩和加工方式密切相连，但质感设计和展具设计的最终目的仍然是突出展品及展示内容，不可喧宾夺主。

小型展览宜采用标准展板和模数制，即使用一定标准规格的通用组合展具。它可适应不同尺度、形态的空间和场地，组成各种结构形态，组装方式一般有勾挂、插接、折叠、螺栓加固和弹簧紧固等。目前，广泛使用的铝合金八棱柱系统展具以米为单位组成展位，每个标准展位的投影面积通常为3m×3m。模数展具的使用，可降低建造和装运费用。有预算限制的展示可以租用现有的展示系统，这不仅带来设计上的便利，而且，单一结构的组合很容易获得统一感。

## 三、场地定位

场地定位指展示的地点和空间，具体表现形式有橱窗、店铺、展销会场、展览中心、展示厅等。展示空间应被设计为一个"经历体验系统"，从信息传达角度出发，这个系统以观众看到展示的可视因素为起点：由指向标、路边广告牌或路标导引，经过车道、停车场、接待处、参观展位，离开展区。在整个过程中，环境的各个细节对观众视觉印象的积累与形成，起很大作用。因此，外部入口应有路标或建筑和景观特征显示，如护柱、植物等。步道、车道、停车场常用油漆、镶石加栏杆或变换铺设材料来指明。通道的尺度、梯阶、可视性、方向指示及杂物箱等附加设施也要精心设计，展区的栏杆和屏障，在视觉上应尽量弱化，与整个展区融为一体。

无论是圆顶建筑，还是大楼、机场，展示空间设计必须掌握展示场所的空间构造、形态、容量、特色。理想的情况是专门建造展示空间——整体的展示系统，如博览会等，但大多数展示则是利用现有的场所。商业展示和巡回展示应备齐配套的设施，可在不同场所灵活调整。展示空间有开放空间、闭合空间和中介空间三个基本类型，各种空间的不同特点给人的空间感受各异。如圆厅有向心指向性，长廊则有行进指向。空间在视觉上是无形的，空间的视觉特点及给人的心理感受由围合空间的顶面、立面、地面构成。高顶天棚有庄严、神秘感；低顶天棚则使人感到亲切、温暖。曲面空间的柔和温情、平面空间的单纯质朴、斜空间的动感等都是展示空间设计的常用手法。展示空间可以用硬质板材进行分割、叠切，形成几何构成，也可使用纤维织物等软质材料构成有机空间。

# 第四节　展示流线

流线是在展示设计中经常使用的一个基本概念，俗称动线，是指人们活动的路线。空间与通道之间的拓扑关系在展示流线设计中可用于辅助快速地设计出合理的流线，以及检验并排除掉不可实现的设计方案。

## 一、陈列的动态流线

陈列的动态流线是指通过展品在展示空间中的陈列位置与方向路线的安排与设置，有目的地引导观众在展示陈列空间中参观行走。动线一般有口袋式、通道式、单线连续式、自由式几种类型（图6-17）。

### 1. 陈列动线设计原则及方法

动线规划的最大原则是利用流动，除此之外，应根据展示陈列的内容来确定动线走向，充分考虑建筑空间的既有特性与局限性，尽力使二者协调一致，必须将空间的规划与场地分割、动线与平面计划的拟定，整体与局部空间的构成同步展开。动线设计还应该考虑：长度的适宜、曲直的结合、角度的处理、宽窄的变化、回路设置、变化和有序。

### 2. 陈列的引导与优化

展示陈列设计动线的设定必须根据展示陈列的主题，结构顺序和功能等来考虑。理想的动线应具有明确的顺序性和便捷的构成形式，既能使参观者按顺序遍观整个展览，又可以让人们的视点集中于某个陈列焦点，尽量避免参观者形成相互对流或重复穿行的现象。防止漏看和看重，以免产生疲劳和浪费时间。一般而言，参观动线的方向是按视觉习惯，从左到右按顺时针方向延展的，在对展品进行陈列时也要遵循相应原则，如果时左时右，就容易产生混乱无序的感觉。

口袋式　　通道式

单线连续式　　自由式

**图6-17** 陈列动线类型
由于人们通常会沿着展品陈列要素的视觉强弱顺序渐进式地参观行走，因此，陈列动线也可以理解为参观的动线。

**图6-18** 交错空间

在结构空间中，通过设计出具有形式感的结构，例如交错空间的形式，通过这种方式可以缓解空间结构的枯燥感，将其打造成富有变化的展示空间。

**图6-19** 地台空间

通过将地面空间抬高一部分，形成一个台座，这种展台有利于展品展出。

**图6-20** 抬升空间

相对于地台空间，抬升空间的高度与面积都要更大，例如从一楼向上不断抬高的环形走道，通过这种抬升方式，突出展品的与众不同。

**图6-21** 虚拟空间

虚拟空间利用高科技设备，让用户体验虚拟现实的场景，让人有这一种置身其中的快感。

**图6-22** 开敞空间

开敞空间是现代展示空间设计的常用形式，具有宽阔、开放、流动性强等优势。

**图6-23** 封闭空间

封闭空间具有很强的闭合性，最直接表现为空间内四面有墙，顶面有顶，将门关闭后整个空间十分严密。

| 图6-18 | 图6-19 | 图6-20 |
|--------|--------|--------|
| 图6-21 | 图6-22 | 图6-23 |

## 二、展厅设计空间的类型

展厅设计空间的类型有很多，空间的形态各有千秋，比较常见的有结构空间、地台与抬升空间、虚拟与虚幻空间、开敞空间、封闭空间、动态空间、静态空间、共享空间这八种类型。

### 1. 结构空间

结构空间是指通过对结构外露部分作出强烈的形式感设计，比如空间交错，从而形成一种具有象征意义的空间形式，来领悟结构构思和营造技艺所形成的空间美的环境（图6-18）。

### 2. 地台与抬升空间

地台空间是指室内地面局部抬高，抬高地面的边缘分出空间称为"地台空间"。地面升高形成一个台座，在和周围空间相比是十分醒目。将汽车等产品以地台的方式展出，创造新颖图（图6-19、图6-20）。

### 3. 虚拟空间

虚拟空间也可以称为"心理空间"，因为展示的虚拟空间范围没有十分完备的隔离形态，较强的限定度严重缺乏，都只是靠一部分的形态和色彩的启示，是依靠视错觉和联想来划定的空间（图6-21）。

### 4. 开敞空间

展示空间开敞的程度取决于有无侧界面、侧界面的围合程度、开洞的大小及启闭的控制能力。开敞空间和同样面积的封闭空间相比，要显得大些，给人的感受更为开放、活跃、流动感强（图6-22）。

### 5. 封闭空间

封闭空间是用限定的高度把实体转起来，让空间有很强的隔离性（图6-23）。

图6-24 | 图6-25 | 图6-26
图6-27 | 图6-28

**图6-24** 动态空间

动态空间指的是建筑空间与城市空间之间向公众开放且为其服务的空间，人员密集，空间的开放性较大。

**图6-25** 静态空间

静态空间的限定较强，形式相对稳定，视线转移平和，起落小，色彩淡雅和谐，光线柔和，多为尽端空间，比例尺度相对均衡，协调。

**图6-26** 共享空间

共享空间属于公众服务性空间，对空间的分享性与开放性较高，属于所有社会成员均可使用的空间。

**图6-27** 中国石文化展

在这一展厅中，直观地展示出了中国古代与现代的地质科学研究的发展历程与发展成果。

**图6-28** 地学摇篮展

地学摇篮展厅中有宝玉石文化、文房石文化、园林和观赏石文化等，陈设形式新颖独特、展品内涵丰富。

## 6. 动态空间

展示设计的动态空间是让人们能人动的角度来观察周围的事物，将人带到一个空间和时间相组合的一个"四维空间"里去（图6-24）。

## 7. 静态空间

静态空间相对来说形势比较稳定，空间封闭，结构单一，采用对称或垂直的水平面处理（图6-25）。

## 8. 共享空间

丰富多彩的环境、别出心裁的手法，将展示空间设计的光怪陆离，五彩缤纷（图6-26）。

## 第五节 案例分析：博物馆展示空间

南京地质博物馆位于南京市玄武区珠江路，建于1935年，原名中央地质调查所地质矿产陈列馆，是中国历史最悠久的自然科学博物馆之一，也是中国第一个以地质矿产为主要内容的专业博物馆。老馆内设置了《地学摇篮》《中国石文化》《矿产资源》和《地质环境》4个展厅。新馆设置了《恐龙世界》《行星地球》《生命演化》和临时展览4个展厅（图6-27、图6-28）。

南京地质博物馆在开展藏品科学研究的同时，通过对地学常识和地学博览两方面对观众进行地质方面知识的普及，常年开放独具特色的陈列展览，不仅展示了数以万计的矿物、岩石、宝石、化石精品，陈列内容更加关注人类的生存环境和生存质量。而且大量采用数字化、仿生、虚拟现实等技术（图6-29～图6-34）。

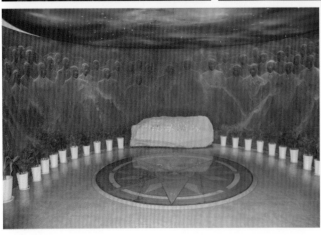

**图6-29** 展示牌设计

展示牌是各个展示空间的展示说明设计，是对展品的进一步补充说明，在展示空间中十分常见的一种设计。

**图6-30** 单线连续式陈列

单线连续式陈列具有良好的视觉效果，参观者可以边走边看展品，不需要迂回或重复观看相同的展品。

**图6-31** 自由式陈列

展品陈列没有形式与规律可言，但又不缺乏美感，这种陈列方式十分自由，可根据参观者爱好来随意陈列。

**图6-32** 陈列动线设计

通过软性护栏来保护藏品，同时，软性护栏限制了参观者的行走路线，规定了参观者的路线方向，参观者只可以在这一范围内行动。

**图6-33** 封闭空间设计

对于十分珍贵的展品，或者在空气中长时间暴露发生氧化反应的真皮，博物馆一般会采用真空玻璃进行封闭式处理，这种方式既能让参观者看到展品，也不会使展品受损。

**图6-34** 展板设计

大面积的展板设计可以将展品或是人物介绍得更加详细，这种方式在商业空间或展示空间，效果都非常不错。

## 本章小结

在展示设计中，人的基本行为是观看与行走，因此了解人体在展示环境中的行为状态和适应程度，是确定各项设计形式以及单位制作尺度的基础，也是创造良好展示环境的根本所在。因此，在展示空间中，确定好人与展品、展厅空间的关系，对展示空间的设计十分有利。

# 第七章

# 人与景观

**学习难度：** ★★★☆☆

**重点概念：** 特性、环境、人性化

**章节导读：** 人性化的景观设计不仅能给生活带来方便，更重要的是让使用者与景观之间的关系更加融洽。它会最大限度地迁就人的行为方式，体谅人的感情，使人感到舒适，而不是让使用者去适应它、理解它。现代都市化城市，土地日益紧张，建筑越来越向高度发展，体量越来越大，小区住宅建筑也不例外。这样给人心理产生很大压抑感。住宅区环境是与人们日常生活密切相关的地点，也是人们平日活动的主要场所，所以住宅区外部空间设计的意义就是让巨大的城市达到人的尺度，将大空间划分和还原成小空间，并把空间充实得更富人情味。人是环境的主角，环境是人的环境，人的一切活动的是为了满足人的生活和工作需要，因此"人体工程学"课程在环境艺术设计专业学习中极其重要。

## 第一节　景观空间特性

### 一、空间的模糊性

随着生活水平的提高，人们对居住的需求从基本生理需求的满足逐步向心理与文化领域的更高层次推进，居所不单是满足居住的功能，同时也是人们思想与情感交流的地方。人们不但关注内部的居住空间，对居住的外部空间环境也越来越重视。纵观我国目前的居住区模式，可以看出我国的居住区规划大多是按照一种典型的思维模式建立起来的。这是现代主义创作的思维模式。

景观环境中的空间模糊性根源是人们对空间感受的模糊与人们思维的复杂性。行为心理学认为人们对环境的感知是模糊不确定的，一方面户外景观环境承载了大量复杂的信息，例如交通、人流、声音等，另一方面，认知主体人是一个复杂变化的有机体。正是由于户外景观环境自身的复杂性与人个体感知的模糊性，导致了人们对于景观空间的感受是复杂、模糊、多义的。

景观环境中空间的模糊性体现在两个层面，一是景观空间边界的不确定性；二是景观空间使用目的的复合性。景观空间边界的不确定性是指景观空间中边界是模糊的，景观环境中由于使用的公共性很少会有很封闭的空间，空间竖向边界多由景墙、景观柱或树池、花坛所组成，其边界是不连续、不完形的，而顶界面在室外环境中是很少存在的，多由廊架、花架、亭子及大树所组成。

因而，景观空间边界对于空间的限定很弱，空间之间彼此渗透，同一块场地上可以有多种用途，可以成为老人们锻炼的场所，也可以成为孩子们轮滑嬉戏的游乐场，这些不同的行为能够同时存在于一个空间之内。

### 二、景观设计中的应用

#### 1. 亭廊空间

亭廊是户外景观环境中常见的游戏及休息的设施，亭廊除了能给人们提供休息空间，遮风避雨的基本功能之外，还能有效地促进人们的户外交往和活动的开展。亭廊这种景观形式能够有效地实现空间的领域感，给予廊下的人们以依托与安全感，同时它的界面是通透不连续的，因而又为人们提供了良好的视野。亭廊空间既是交通停留空间也是交往空间，人们可以在亭廊下开展丰富的活动，如聊天、下棋、休息等（图7-1、图7-2）。

**图7-1** 现代亭廊

现代亭廊在设计上赋予了更多的灵魂设计，亭廊不仅仅是作为遮蔽风雨的场所，更多的时候，亭廊是作为造景的一部分，在室内外景观中起着重要作用。

**图7-2** 仿古亭廊

仿古亭廊在设计上延续了亭廊的功能性设计，值得注意的是，廊檐上的雕花十分精美别致，中式花纹格栅也别具风味。

图7-1 ｜ 图7-2

**图7-3** 公共庭院

公共庭院是在公共场所中的共享式庭院设计，属于所有人都可以享受到的公共资源，庭院的私密性不强，大多作为游客的休憩空间。

**图7-4** 私家庭院

私家庭院是住宅的外部延伸空间，属于住宅业主的私有产业，在没有经过业主的准许下，外人不可以私自进入该庭院。

图7-3 | 图7-4

### 2. 庭院空间

景观环境中的庭院空间是指由景墙、绿化等所组成的围合或半围合的公共空间，具有较强的归属感与领域感（图7-3、图7-4）。庭院空间范围界定较明确，但不封闭，因而空间是渗透、流动的。景观环境中的庭院空间给你独特的轻松感，常常成为人们的集聚的场所，成为场地中的视觉焦点。

景观环境中空间的界定方式很多，除了亭廊和庭院空间这两种比较常见的空间限定方式之外，一块下沉景观、一块不同的铺装或一个舞台，甚至几根石柱都能界定出一片空间领域，这种空间领域边界是模糊、开放的，与周边环境相互渗透，吸引群的聚集。例如某场地内搭建的一个临时的舞台从而在其周边界定了一定的观赏区域，成为场地的焦点，吸引周围的人前来观看。

## 三、创造交往空间

人类社会是人们交往、交流的产物，在信息社会膨胀的今天，人们通过互联网进行网络交往、交流，可见人际之间的交往与交流的重要性。人们渴望交往，渴望被社会理解，而景观环境场所则成为广大市民的交往、交流的重要载体。社会是人们交往的产物，一个城市的健康稳定与发展则更离不开人们的交往与交流，在景观环境设计中注重人性化的设计，丰富市民日常的户外生活，满足人们与人交流的环境需求，有助于创设和谐稳定的社会环境。

### 1. 发现景观环境中潜在的交往行为

不同的景观环境由于自身的特征可能发生的潜在交往行为不同，例如，市民广场中常见的交往行为是散步、聊天；某社区的景观环境中，人们的潜在交往行为主要为打牌、下棋、聊天等；在商业性的景观活动空间中，常见的潜在交往行为主要为现场签售、广告宣传与商业策划等；而在充满文化性的景观环境中，人们的潜在交往行为主要以文化活动、书法表演、绘画表演为主。所以，必须针对不同景观环境自身的特点来研究其可能发生的潜在交往行为，总结规律，为下一步在景观环境设计中尽可能满足所有人的潜在交往行为打下基础。

### 2. 完善户外环境中的景观设施

坐凳、休憩亭廊、桌椅、文化长廊等可供市民休闲的景观设施的建设将影响市民的潜在交往行为，完善的户外景观设施能吸引更多的民众参与交往活动，因此，应注重户外环境中的景观设施的维修与完善工作（图7-5）。

### 3. 营造合理的流线系统

景观环境中流线系统的合理营造对于方便市民通行、保证市民的活动安全起到了很好的作用（图7-6），增加大量的宅间绿地与活动场地，为小区内的居民开展各项户外交往活动创造条件。

★ 小贴士

景观空间与人的关系

空间设计是"为人造物",创造出以"人"为中心的人性环境,中国古代就十分重视人与环境的和谐,强调"天人合一"。景观设计的研究重心也应该放置在"人"之上,人体的结构非常复杂,人的身体有一定的尺度,活动能力更有一定的限度,无论是采取坐、立、卧、行中的哪一个活动,都有一定的限度和方式,因此,对于与活动有关的空间计划和设施器物等的设计,都必须考虑到人的形体特征、动作特性和体能极限等人体因素,使活动效率提高到最大程度,身体疲劳降低到最小程度,并使人承受一定的负荷及由此产生的生理、心理变化。同时,还要考虑人的活动与环境的相互关系,环境的温度、湿度、噪声、光线和气味等都直接而强烈的影响人体的活动能力和活动效率。此外,年龄、性别、个体、体质和智能等个人差异和民族差别,地域特征以及经济技术指标,都是值得考虑的设计因素。

# 第二节　景观环境

## 一、景观环境的概念及组成

景观原是指自然风光,地面形态和风景画面。从环境学的角度出发,景观是一个由不同土地镶嵌组成,具有明显视觉特性的地理实体,它处于生态系统之上,大的地理区域下的中间尺度,兼具经济价值、生态价值和美学价值。景观环境是指各类自然资源和人文景观资源所组成的,具有观赏价值、人文价值和生态价值的空间关系。城市景观环境包含自然景观和人文景观,景观环境与每一种具体的景观相关,但又不完全从属于某一具体的景观要素,而是各种景观要素的空间关系的总和,景观环境是可以分解和移动的(图7-7、图7-8)。

图7-5 ｜ 图7-6
图7-7 ｜ 图7-8

**图7-5** 景观设施

景观设施是供游客无偿使用,不收取任何费用的公共设施,但是要注意保护设计,不随意破坏公共设施、设备。

**图7-6** 流线

可通过营造合理的流线系统来提升景观环境的品质,在这种环境下,居民出行、玩乐、安全更有保障。

**图7-7** 城市景观

城市景观大多是由人工改造、铺装得到的人文景观,具有形态优美,整体统一强等特点,也正是由于统一性强,长时间欣赏有一种景观被复制的感觉。

**图7-8** 田园景观

田园景观是大自然的馈赠,无需过多的改造,就能达到良好的景观装饰效果,但也存着景观单一、不精细等问题。

自然景观是指可见景物中，未曾受人类影响的部分。自从人类生活在地球表面以来，未受人类影响的景观，在适合人类生存的地域附近已经很少存在，自然景观分类见表7-1。

表7-1　　　　　　　　　　　　　　　　自然景观分类

| 自然景观 | 例子 |
| --- | --- |
| 地质景观 | 山岳形胜、喀斯特地貌景观、风沙地貌景观、海岸地貌景观、特异地貌景观等 |
| 水域景观 | 江河溪涧、湖泊、飞瀑流泉、冰川景观、风景海域等 |
| 生物景观 | 森林景观、草原景观、古树名木、奇花异草、珍禽异兽及栖息地等 |
| 气象景观 | 大气降水、天象奇观、日月景观等 |

人文景观包含了一切人类生产、生活活动所创造的具有审美价值的对象，狭义的人文景观主要指的是富有艺术感的建筑景观，广义的人文景观包含一切人工所创造的具有社会历史文化内涵的景观。将人文景观大致分为五类（表7-2）。

表7-2　　　　　　　　　　　　　　　　人文景观分类

| 人文景观 | 例子 |
| --- | --- |
| 历史文化景观 | 建筑、古城墙、农业观光区、古庙宇等 |
| 产业观光景观 | 农场观光业、林场、花卉业、药材业等 |
| 田园聚落景观 | 山村、农舍、小镇、农田、果园等 |
| 工程设施景观 | 水库、堤坝、电站等工程设施 |
| 人文小品景观 | 字画、古玩、假山、喷泉、雕塑等 |

城市景观是指城市建成区和城市外围环境的各种地物和地貌给人带来的综合视觉感受。城市景观直接反映一个城市的面貌及城市经济发展水平和环境保护意识。城市空间环境严整有序，可体现城市景观的形式美；色彩是城市景观美的主要因素。密集的涂有色彩的建筑群，将构成一个城市的建筑风格和自己独特的城市风貌。和谐的本质是多样统一，自然环境、建筑、园林绿化、雕塑、壁画、广告等，是一个相互关联、相互作用的复合体。各构成因素之间和各构成因素内部之间相互协调有机结合，就形成了城市环境美好的总体效果（图7-9、图7-10）。

图7-9 ｜ 图7-10

**图7-9** 郊区城市景观

郊区城市景观大多是以面状呈现出来，其主要原因是郊区面积大，景观设计能大展身手，但也存在景观设计形式感差等问题。

**图7-10** 中心城市景观

中心城市景观的土地寸土寸金，在景观设计上可以看出大多是以点、线的形式呈现出来，占地面积小，但造型别致。

**图7-11** 道路使用功能

使用功能是景观环境的首要功能，道路是景观设计的重要问题，如何用最优化的路线参观景观，看到每一处景，需要设计师用心规划。

**图7-12** 满足人的休息功能

休息功能是注重使用者精神方面的功能，设计休息座椅，能让使用者调整精神状态，以更加饱满的心态来感受景观的魅力。

**图7-13** 美化环境功能

美化功能是景观的一大重要功能，景观不美便会无人问津，打造优美的景观环境非常必要。

图7-11 ┃ 图7-12 ┃ 图7-13

## 二、景观环境的功能构成

一般来说，我们在进行景观设计时，既要做到亲身体验空间和介入现场，增强对周围环境的感受和理解，同时还要进行比较全面和细致的观察。目的是为了能够充分满足各类层次人群多方面的需求（图7-11～图7-13）。一般来说，景观环境的基本功能构成包括使用功能、精神功能、美化功能、安全功能等方面。

### 1. 使用功能

景观环境设施的使用功能，是所有景观环境功能构成中的首要方面。景观环境中的任何一种设施都是以能够满足人们一定的功能需求或具有一定的使用功能为前提的，否则景观设施将会失去存在的价值。

### 2. 精神功能

景观环境设计是一门极为复杂而综合性很强的学科，它不仅与自然科学和技术的问题相关，同时还要与人们的生活和社会文化非常紧密地联系在一起，景观环境设计是人类文化、艺术与历史发展的重要组成部分。景观环境的精神需求，是建立在一定社会需要基础之上的产物，应根据人在某一处所中的情感需求、审美能力、文化水平、地域或民族特征等方面去进行分析和设计，应当使人们身处景观环境之中能够获得多方面的精神满足。

### 3. 美化功能

在景观环境设计中，对于美化功能的体现，我们应该将其首先纳入重要的主导地位来进行设计与思考。其实，景观作品欣赏者之间所发生的相互影响和相互转换的关系，主要是通过意境的表达来给人以美的享受，并同时获取精神上的最大满足。景观环境设计中的最终审美目的，应当是在表现借物喻人的同时，又能使人产生情景交融的精神享受。

### 4. 安全保护功能

针对保护功能在景观环境中的设计手法来讲，其保护功能所采取的主要方式有阻拦、半阻拦、劝阻、警示四种具体表现形式。其中，阻拦形式是对景观环境中人的行为和车辆的通行加以主动控制。

## 三、景观环境与空间感受

### 1. 形态构成

对于景观环境来说，不论是某个单一的景观形态，还是整个城市的环境形态，都是由景观元素所构成的实体部分和实体所构成的控件部分来共同形成的（图7-14）。

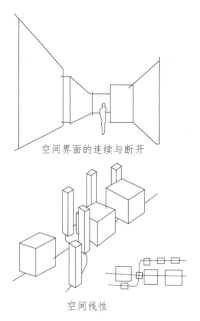

空间界面的连续与断开

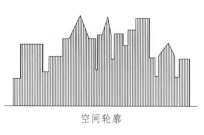

空间轮廓

空间线性

空间层次

### 2. 空间特点

景观环境中的空间，可能是相对独立的一个整体空间，也可能是一系列相互有联系的序列空间。在城市景观环境的空间特点上，空间的连续性和有序性占主导位置，它是通过不同功能、不同面积、不同形态的各种空间相互交织，形成的具有一定体系的空间序列。城市景观环境设计，主要是设计城市的公共空间，包括城市的街道景观、居住区景观、广场景观、绿化景观等（图7-15、图7-16）。

### 3. 空间界定

在景观环境设计中，如果从构成的角度来进行分析，景观环境是自身体量和外部空间之间的结合体，他们在不同的文化背景下，都可以表现出各自所界定的景观体量与空间环境之间的联系，从而构成具有地域性的景观环境。

### 4. 景观环境的不断变化

景观环境其实是一个具有生命力的客体，它始终处于不断生长、运动、变化之中。因此，景观环境设计应当把空间和时间运动的思想观念，作为人们认识自然和感受自然的出发点（图7-17）。

### 5. 空间尺度与心灵感受

在景观环境中，空间尺度就是指景观单元面积的大小，而时间尺度指的是其动态变化的时间间隔。人们感受空间的体验，主要是从与人体尺度相关的室内空间开始的，人们对空间的心理感受是一种综合性的心理活动，它不仅体现在尺度上和形状上，而且还与空间中的光线、色彩及装饰效果有关。

### 6. 人的视觉范围

在正常的光照情况下，人眼观察物体，距离25m时，可以观察到物体的细部；当距离250～270m时，可以看清物体的轮廓；而到了270～500m时，只能看到一些模糊的形象；远到4000m时，则不能够看清物体。人眼的视角范围可形成一个变形的椭圆锥体，其水平方向视角为140°，最大值为180°，垂直方向视角为130°，向上看比向下看约小20°，分别是55°和75°，而最敏感的区域视角只有6°～7°。

## 四、景观环境设计特点

### 1. 并置

并置是环境设计中用来强调某一部分的重要手法，或是以并置的手法加强建筑某一部分的重要性，如建筑的入口以及形成或强调周线等（图7-18）。

### 2. 宏伟的底景

宏伟的底景是自古以来建筑家创造环境景观最常用的手法，如巴黎、华盛顿、莫斯科等文化古城，至今保留着城市中精心安排的宏伟场景。

### 3. 景框

景框的手法是中国传统园林景观常用的手法，有扇形、菱形、梅花形、如意形等。各式各样框景的门洞、扇窗、廊等构成了多样的景框（图7-19）。

**图7-17** 景观环境的时间与空间运动

景观环境在自然的发展过程中，由于时效性，景观环境会随着时间的变化所产生的运动效果，不断更新，与时俱进。

**图7-18** 并置

并置属于强调设计的手法，通过将建筑的某一部分进行多次重复，在这一设计手法下，整体建筑呈现令人震惊。

**图7-19** 景框

景框是园林景观常用的设计手法，具有良好的景观效果，通过门窗的洞口将室外的景观框进室内，给人一种景观被限定在框架内的感觉。

图7-17
图7-18 | 图7-19

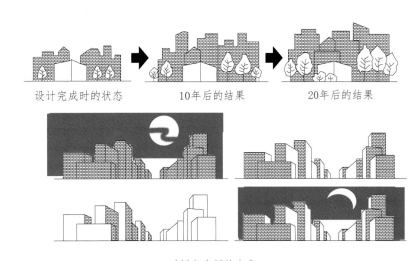

设计完成时的状态　　　10年后的结果　　　20年后的结果

时间与空间的变化

**图7-20** 景观细节

在设计梯形化绿时，在边缘部分增加护堤设计，能够有效防止水土流失现象，其次，草皮的外在形象更加规整，具有良好的视觉效果。

**图7-21** 景观铺面

在大面积的草坪中，需要从中设计出参观者的行走路线，相对于在草坪上践踏与在土地上行走，景观铺面能够最大程度上保证景观不被破坏，以及给予游客更好的参观体验。

**图7-22** 虚实结合

没有实景，虚景便没有存在的物质构架；没有虚景，实景就缺乏灵气，两者相互生活，不可或缺。可以说，景观中的虚、实二者是互为前提而存在的，二者缺一不可。

图7-20 │ 图7-21 │ 图7-22

### 4. 细腻的景观

在建筑布局和园景景观设计中，总体的设计应与个别造型相结合，把握观赏的细节部位，细节部位的细腻表现让设计更突出（图7-20）。

### 5. 铺面

铺面材料的色彩、图案、质感应伴随着人的行走路线所处的空间环境而有所变化（图7-21）。

### 6. 围与透

围合的内院的景观建筑设计的特点之一，围中有透，以围划分空间领域，以透引入外部环境景物，营造一种安静优雅的环境氛围。

### 7. 虚与实

景观环境设计追求合理的空间结构布局，追求层次的疏密变化以及"虚与实"的完美结合。可以说，"虚与实"作为景观造景中一种独特的方式，是尤为重要的。景观中的"实"，是在空间范畴内真真实实存在的景观，人们可以触碰到真实的物体。比如说，中国古典造园的五大构成要素（山水、花木、建筑、奇石、书画）都是所谓的实景，构成景观中的"实"。景观中的"虚"，没有固定的形态，不存在真实的物体，只能通过嗅觉、视觉等去感知（图7-22）。

**★ 补充要点**

城市景观虚实设计

在现代景观展示设计中，"实"可以说是实实在在的一堵墙，一个实体。"虚"可以说是视觉形象与其真实存在的不一致。如公园的围墙，为了使其不显拥堵，采用通透式围墙的处理方式，用植物或栏杆进行围合，"围而不挡"可以让园区内的景观以虚的形态展现在园区外的行人面前，以此来提升城市的美感和开阔感。

## 第三节　景观设计中的人性化

人们通常所说的人性化的景观环境是指应用人体工程学的有关原理，根据人体的尺度、心理空间以及人的行为特点所设计的户外空间环境，随着的社会的发展和人们生活水平的日益提高，人们对景观环境的要求也在呈上升的趋势不断变化。因此，景观环境的设计与建设也必须随之变化，不断提升自身的品质。人们的行为特征与景观环境的设置息息相关，不同年龄段市民的行为特征存在很大的差异，所以，在设计公众性的空间建设时特别注重人性化的景观设置，人体工程学在景观设计中便得到了充分的应用，为景观设计提供了科学的依据。

## 一、人性化设计的重要性

环境艺术设计中的景观设计是其根本，对空间的研究是如何强调科学性和艺术性，设施与环境在景观设计中占有很大的比例和很重要的地位，对室外环境效果起着重要的影响。其形体、尺度以人体尺度为主要依据，同时设施与陈设的使用范围也要求由人体工程学提供重要参考依据。同时景观设计重视人与环境的关系，室外环境包括气温与气湿环境、光环境、声环境、振动环境、气味环境等，它们对人的生理、心理影响巨大，是环境艺术设计探讨的重要问题，人体工程学正为室外环境的设计提供有力的科学依据。

景观环境中最基础、最实用、必不可少的基础设施就是座椅，同时也是各类人群都需要的，具有市民共同需求的公共设施。因此，对于座椅的设计要求较高，不能只注重美观更应该注重人体的舒适度，有助于人体的健康。从人体工程学的方面而言，最适合人体的座椅应具有这样的特点：即人坐在上面时脚能够自然的放在地上，且没有压迫腿的感觉，但是由于人的身高胖瘦不一，座椅的设计也应因人而异。

经调查发现，景观环境中座椅的高度一般在45cm左右是适宜大多数人群的。如果太高，则会让人感到不适或无法入座；如果座面太低，则会使人脚关节感到压迫。例如某景观中的座椅设置太高，市民不得不把腿悬在半空，影响了人们的使用。座椅表面的材料选择也是环境设计的重点，一般而言，木材是户外环境中最常采用的，金属与石材次之。因为金属与石材导热性都较强，都存在冬冷夏热的缺点，不适合人们长期使用。例如，某小游园中供人棋牌活动的桌椅坐凳均为石材，冬冷夏热，冬季老人们不得不自己加上坐垫以御寒。

景观环境中座椅的设计应满足人的领域感、依托感以及个性化的心理需求，在景观环境中，座椅的长度至少为160cm，以满足至少两人的容纳空间，增加市民户外活动的时间与空间，体现景观环境的社会功能。另外，座椅设置还应满足人们的个体空间要求，例如座椅面对面放置，或太靠近容易产生压迫感、局促感，一不小心对视也会使人们感到尴尬与不适；同时座椅还应有所倚靠，使人们可以观察到场地内其他人的活动，满足人们安全感的需要。

## 二、影响人性化设计的因素

影响人性化景观环境设计的因素来源于以下三个方面。

### 1. 环境自身的特点

广大民众喜爱优美、清新的自然环境，即使不用怎样改造也会受到人们的青睐，反之，一个卫生条件差、大气污染严重的环境再怎么包装，人们也不会对它有好感。

### 2. 人的行为特点

不同的人对景观环境的要求不同，这就要求在景观环境的设计时应注重设计的多样性，以尽量满足所有人的行为需要，同一年龄段的人们往往对景观环境的要求有着许多的共同特点。因此，在景观环境设计时还应注重定位的准确性，寻找到本场所主要面对的人群，使得景观环境的建设更具自身的特点。

### 3. 人在景观环境使用中的心理需求

精神生活是在满足物质生活基础上的更高层次的生活。因此，要想进一步提升景观环境的品质必须注重满足人精神方面的需求，这是对景观环境设计提出的更高要求，也是今后景观环境设计的发展方向。

因此，景观环境的设计应尽可能地满足所有市民的需求，体现人性化的景观环境设计与人文关怀，使景观环境场所永远生机勃勃，成为欢乐的海洋（图7-23、图7-24）。

### 三、人性化景观设计方式

#### 1. 人性化尺度

人性化尺度主要是指在进行景观环境设计时，景观环境的空间尺度、心理距离尺度以及环境设施的尺度应以人体的尺度为标准，适合广大群众的行为活动与休息或者交流时身体的舒适度，让人产生一种亲近感与舒适感。让人来过一次还想来第二次。景观环境中人性化的尺度不是一个不变的固定值，而是根据不同人体或者人群的尺度而不断发生变化的一个变量。经过长期的调查研究发现，景观空间间距D与两边建筑高度H比值在1～2之间时，空间的围合性较好，人的感受是舒适的；小于1的时候，人们会有压迫感、紧张感；大于2的时候，人们会感到空旷、孤独，甚至感到不安、恐惧。同时，根据研究发现，人均占地12～50m²时，人们彼此之间活动不会受到干扰，较为适宜开展外部空间活动。常见的园林设施的一般尺度见表7-3。

表7-3　　　　　　　　　常见园林设施一般尺度表

| 设施 | 尺寸（m） | 设施 | 尺寸（m） |
|---|---|---|---|
| 园椅（凳子） | 座板高度：0.35～0.45<br>椅面深度：0.4～0.6<br>靠背与坐板夹角：98°～105°<br>靠背高度：0.35～0.65<br>座位高度：0.6～0.7 | 花架 | 跨度：2.25～3<br>住距：3<br>高度：2.8～3.4<br>花架条间距：0.5～0.6 |
| 园桌 | 高度：0.7～0.8<br>桌面宽度：0.7～0.8 | 跷跷板 | 两人座：长2、高0.2<br>四人座：长2.8、高0.45 |
| 园墙 | 高度：2～3<br>墙厚：0.12～0.24 | 宣传牌 | 主要展面高：1.4～1.5 |
| 围栏 | 防护性栏杆：0.9～1.2<br>坐凳式栏杆：0.4～0.5<br>低栏杆：0.3～0.4 | 花镜 | 单面观赏：宽2～4<br>双面观赏：宽4～6 |
| 园路 | 主路宽度：3～4<br>次路宽度：2～3<br>游步道宽度：1～2 | 乒乓球台 | 2.74×1.525×0.76 |
| 踏步（台阶） | 宽度：0.3～0.38<br>高度：0.1～0.15 | 羽毛球场 | 13.4×6.1 |
|  |  | 篮球场 | 28×15 |
| 廊 | 长度：3～4<br>宽度：2～3<br>高度：3左右 | 排球场 | 18×9 |
|  |  | 足球场 | （90～120）×（45～90） |

例如园林设施中亭廊长度在3～4 m，宽度在2～3 m，高度一般控制在3 m左右，这样的尺度是比较适宜人们开展休憩活动的。如果某绿地中亭子尺度过大，远远超出了一般亭子的尺寸范围，更像是一栋大型的建筑，游客们更倾向于在亭中开展集体健身而非一般亭中常见的停留、休憩行为。再如环境中的座椅、垃圾桶、灯具等环境小品，其长度与高度都应该根据人体尺度确定，过高、过低或过大、过小都会造成人们使用的不便。

### 2. 边界的处理

景观环境边界的处理是多种形式的，可根据不同的需要设计不同的风格，也可根据环境本身的特点加以设计，使其美观大方、恰到好处。例如，可在景观环境的边界建造台阶、座椅、长亭等。但是无论设计者怎么设计都必须按照同一宗旨，那就是边界的设计应尽可能的满足所有市民的需要，即被少年儿童喜爱，又能被中青年人群所接受，还能满足老年人的休息使用。

当然并不是一种设计或是健身器材同时被所有人群所喜爱，可以是A类设计是适合老年人的，B类设计是针对少年儿童的，C类设计是广大中青年所向往的，在整体设计中可按照一定的比例或者设计的主题统一搭配，使之能恰到好处的满足各种群体的需求，达到最优的设计方案，往往景观环境的边界越丰富，边界上逗留的人也就越多（图7-25～图7-27）。

### 3. 路径设计

路径是人们到达目的地、游览环境、欣赏美景的重要载体，不仅仅是人们在活动场所内的交通通道，更是人们休闲活动的户外空间。景观环境中的人流路径类型有多种，交通与穿越行为是景观环境中目的性最强的人流类型，这种类型应注重便捷性与快速性，而曲折弯曲的鹅卵石小路更受游览观光者的喜爱（图7-28）。

## 四、公众的参与意识

在景观环境的人性化设计与建造中，应注重公众意识和民众参与，能增强民众对于景观环境的认同感，提高民众的景观环境意识。

**图7-25** 小区路边

小区座椅是老年人、儿童所喜爱的设施，而年轻人由于每台要上班工作，并没有时间来享受这一设计。

**图7-26** 小区游泳池

小区游泳池有年龄段限制，一般儿童与老人都需要有其他成年人陪同才可以进入。

**图7-27** 健身区域

小区的健身区域是老年人的锻炼场所，每天早晨与晚上，都有来自各个年龄段的人群来此锻炼。

**图7-28** 路径

路径的设计既要注重便捷性，又要注重美观性和游览性，要把二者很好地结合起来。

图7-25 | 图7-26
图7-27 | 图7-28

对环境设计模型和效果图的交换意见是沟通过程中使用最多的方法，因为它可以最直观地表明设计者的意图和构想，也最利于民众理解与提出意见。倘若忽视对于公共行为的预测，则可能导致与使用者行为相悖。充满人性与人文关怀是现代景观环境设计的追求目标。例如奥地利维也纳街头水池，本身充满雕塑感与形式感，但更为重要的，人们能够与喷泉雕塑互动游戏，炎热夏日的人们可以在水池中嬉戏，这样的街头小品完全是开放的和可参与的，充满生气与活力，是人们日常生活中的一部分，雕塑小品与人们一起成为街头一道美丽的风景线。

公众意识最能体现在现代大城市的环境设计中，应根据人们新的生活方式与爱好进行环境设计，因而景观环境应是一个开放、公开、注重与人对话的户外空间形态。它以服务于人们、方便人们使用为目的。

★ 小贴士

"无限景观"装置

"无限景观"装置位于日本札幌当代艺术博物馆的中心湖面上。参观者必须要通过一条细长的小木桥才能从陆地到达湖中心的建筑装置中。一旦进入封闭的盒子中，墙壁和屋顶都是黑的，一丝光线都无法进入，同时这个全黑的环境还让参观者丧失了方向感和时间感。（图7-29）。

# 第四节　案例分析：沃斯堡流水花园景观设计

Water Gardens流水花园虽被称作花园，但无一朵花，而是以非常独特的流水设计而成的。流水花园经过八年的筹建于1974年建成，The active pool（活力之池），The quiet meditation pool（冥想之池）和The aerating pool（曝气之池），其中The active pool是主角（图7-30、图7-31）。

**图7-29** "无限景观"装置

在木板隔墙和地面之间留有一道狭窄的缝隙，绿色的光线会透过缝隙微微照亮这个黑暗的空间，阳光的湖面上反射出光线，并渗透到这个全黑的方盒子内部，迷失在其中的参观者只能依靠最基本的感受来活动。

**图7-30** 滨水景观设计

池区有很多个台阶可以让人直达底部然后处于流水的环绕之中，感觉很享受。

**图7-31** 底部水池设计

趣味式的参与体验以及无可挑剔的施工工艺，强调人的参与体验，关注人的身心感受。

图7-29
图7-30 | 图7-31

122 人体工程学

**图7-32** 安全隐患

在流水的长时间冲刷下，石阶上出现了青苔，人们赤脚走上湿漉漉的石阶很容易出现滑倒事故，水池中2.7m的深度，足够淹没一个成年人，改造这一滨水景观刻不容缓。

**图7-33** 安全改造设计

改造后的水池深度为0.61m，这一深度能保证游客的人身安全，安全设计是景观空间设计中的重要设计。

图7-32 | 图7-33

　　由于2004年发生的一宗四名游客在公园内溺水的惨剧，公园水池被下令暂时关闭并改善安全措施。到2007年把公园的水池深度由2.7m改成0.61m以后才重新开放（图7-32、图7-33）。

### 本章小结

　　本章从景观设计入手，通过对景观设计的特性、功能等与人的活动的协调性，探讨景观设计创造功能合理、舒适美观、符合人的生理要求和心理要求的室外环境，景观设计与人体工程学相互依存、相互联系，人体工程学在景观设计中有着重要地位。

# 参考文献

[1]（美）巴克（编著）. 美国设计大师经典教程：办公空间设计. 董治年 等译. 北京：中国青年出版社. 2015.

[2] 杨春青. 人体工程学与设计应用[M]. 北京：机械工业出版社. 2012.

[3] 徐磊青. 人体工程学与环境行为学[M]. 北京：中国建筑工业出版社. 2010.

[4] 周悦. 现代展示设计教程[M]. 上海：同济大学出版社. 2012.

[5] 程瑞香. 室内与家具设计人体工程学（第二版）[M]. 北京：化学工业出版社. 2016.

[6] 郭承波. 中外室内设计简史 [M]. 北京：机械工业出版社. 2007.

[7] 丁玉兰. 人体工程学[M]. 北京：北京理工大学出版社. 2005.

[8] 李梦玲，邱裕. 办公空间设计[M]. 北京：清华大学出版社. 2011.

[9] 黄新，周珏，栾黎荔. 展示空间设计[M]. 武汉：华中科技大学出版社. 2013.

[10] 王鑫，杨西文，杨卫波. 人体工程学[M]. 北京：中国青年出版社. 2013.

[11] 刘秉琨. 环境人体工程学[M]. 上海：上海人民美术出版社. 2014.

[12] 刘盛璜. 人体工程学与室内设计(第二版)[M]. 北京：中国建筑工业出版社. 2004.

[13] 理想·宅（编）. 设计必修课：室内空间设计. 北京：化学工业出版社. 2018.

[14] 张炜，张玉明，胡国锋，李俊（编著）. 环境艺术设计丛书——商业空间设计. 北京：化学工业出版社. 2017.

[15] 田树涛. 人体工程学[M]. 北京：北京大学出版社. 2012.